PEARSON

人生法则系列译丛

Richard Templar

THE RULES OF WORK

A definitive code for personal success
(third edition)

职场的108条

黄金法则

（第3版）

（英）理查德·坦普勒 著　　赵霞 译

东北财经大学出版社
Dongbei University of Finance & Economics Press

大连

辽宁省版权局著作权合同登记号:图字 06-2013-299 号

图书在版编目(CIP)数据

职场的 108 条黄金法则 / (英)坦普勒(Templar, R.)著;赵霞译. 一大连:东北财经大学出版社,2014.11
(人生法则系列译丛)
ISBN 978-7-5654-1715-3

Ⅰ.职… Ⅱ.①坦… ②赵… Ⅲ.成功心理-通俗读物 Ⅳ.B848.4-49

中国版本图书馆 CIP 数据核字(2014)第 244408 号

东北财经大学出版社出版发行
 大连市黑石礁尖山街 217 号 邮政编码 116025
 教学支持:(0411)84710309
 营 销 部:(0411)84710711
 总 编 室:(0411)84710523
 网 址:http://www.dufep.cn
 读者信箱:dufep@dufe.edu.cn
大连图腾彩色印刷有限公司印刷

幅面尺寸:140mm×210mm 字数:180 千字 印张:11 5/8
2014 年 11 月第 1 版 2014 年 11 月第 1 次印刷
责任编辑:李 季   责任校对:惠恩乐
封面设计:冀贵收   版式设计:钟福建
定价:36.00 元

前 言

大多数人（我猜）都想工作出色；大多数人（也是猜的）希望可以承担更重要的工作，获得更丰厚的薪水、更大的保障、更高的地位和一个光明的未来。因此，我们努力把工作做到最好，以期能获得应有的报酬、他人的尊重和职位的晋升。

但我们错了（这不是我乱猜的）。

当然，我们必须把工作做好，并表现卓越，那些能力不足、做事懒散和不善交际的人是没有未来可言的。理查德·坦普勒在他含蓄的逻辑中一语道破，如果我们的工作表现出色，就可以让我们在组织中迅速地出人头地。他指出我们都在做着两项工作，但大多数人只察觉出其中一项——手上的工作：达到业绩目标要求、降低设备故障时间、有效管控成本等。而另一项我们所忽略的工作则更大、更模糊：让组织有效运作。如果其他人认为你可以解决组织所存在的问题，而不只会处理小组的状况时，你已经从同僚中脱颖而出。但你要如何做到这样呢？答案非常简单：阅读这本书，遵循书中的法则。

当我阅读这本书后，我发现以前的我就对这些法则有些一知半解，只是我没有想过像理查德·坦普勒那样将这些写成一本书，并对这些法则予以明确定义、阐述细节并加以分析。过去，我必须在英国广播公司面试许多想要晋升的候选人，但不知为什么，他们大多数人都让我有一种感觉——他们似乎不具备高层管理人员的素质。这和他们如何穿着、怎么走路，以及谈吐举止有关吗？所有这些点点滴滴都可能有关联。但更为关键的是他们的态度和情绪，这会对其他人产生直接的影响。

　　大部分候选人都强调，他们在现有的工作上表现如何出色，这真的没有什么必要；这些我们都知道，也是我们为什么找上他们的原因，工作表现出色便是他们获得面试机会的一个门槛，所以一直对我们大谈他们的工作如何出色，并不会具有加分效果。令人惊奇的是，很少有候选人对提出申请的工作可能会遇到的问题具有真正的想法，这可能和他们当下的工作截然不同有关，更不要说对英国广播公司面临的问题提出看法了。因为这些人都不曾注意到本书的法则。

　　美国管理大师彼得·德鲁克（Peter Drucker）为效率（efficiency）和效能（effectiveness）作出一个清楚简单的定义：效率是正确做事（doing the job right）；效能则是做对的事情（doing the right job）。你的上司会告诉你如何把事情做对，但你必须为自己找出对的事情来做。这代表你要站在组织以外的角度看世界：组织的需求是什么，组织的需求如何产生变化，组织必须做什么（停止做什么），以求生存和繁荣发展。

我记得，曾经面试过两个大型企业的总裁人选，他们两个都是从数以百计具有明显进取心和高学历的人当中脱颖而出的。我问他们，为什么是他们而不是其他人可以到达顶端时，其中一个人说他并不知道具体原因，但他可以告诉我为什么每项工作在他离职后就会被废除。而另一个人也不知道，但他说那些工作原本是不存在的，是因为他才开始的。这两个人都是专注在做对的事情的标准典范。他们的思考模式像个总裁，即使他们还是一个助理或中层主管。我毫不怀疑地相信他们正遵循着本书中全部的法则，经常设法让自己看起来和听起来就像一个更高层的人员，并且如理查·坦普勒所强调的——他们在整个组织内受到欢迎和赢得尊重。如果你身边的同事都充满怨恨、愤怒和士气低落，那你也无法成为成功的总裁。

《职场的 108 条黄金法则》是第一本，也是最重要的一本主管成功指南，也是为那些想获得晋升更高位置，却没有能力描绘升职蓝图的人而写。对组织而言，这本书也非常重要。组织最大的危险是僵化不变，只会专注在内部的事务、机制和标准流程，因此对外界失去感知。假设每个人都醉心于把事情做对，而非做对的事情——换句话说，他们并没有遵循书中的法则，那么组织失去竞争力的情况就很有可能会发生。

安东尼·杰伊（Antony Jay）爵士

曾任英国广播公司（BBC）电视制作人和 Video Arts 创始人

导 论

　　许多年前，当我还是一名小助理时，就开始了《职场的 108 条黄金法则》的构思和规划。那时公司刚好有个经理的职缺，这个职缺有两个合适的候选人，我是其中一个，另一个则是我的同事罗布（Rob）。从道理上来讲，我经验丰富、专业程度较优，也得到较多下属的拥戴，他们都期望我能接掌经理一职，而且我对新职务也较为熟悉，坦白说，与我相比，罗布简直没有一点优势。

　　当时，刚好有机会可以和公司外聘的一位顾问聊天，我问他："这次我获得升职的机会有多大？""机会不大。"他淡淡地说。听到他的回答我有点气愤，但还是耐心地向他解释，不管是经验、专业能力或是各种技能，我都略胜罗布一筹。"是的！"他回答说："你十分优秀，但你的走路不像一个经理的架势。"我反问他说："那罗布就像吗？"他肯定地说："是的，他的确具备一个经理人的架势和模样。"他的看法十分正确，后来果真是罗布得到提拔，而我必须屈身在一个白痴底下工作，只因为这个白痴拥有经理的走路架势！从此我开始观察周围的人的架势。

　　由于那位顾问一针见血地指出经理该有的架势，我开始观察每个同事、每个职位。事实上，每个人都有特定的架势，接待人员有他们的特殊模式，出纳人员、采购人员、一般行政人员、管理人员、保安人员，甚至经理，也各自有各自的风格。于是，我开始秘密训练，让自己学会经理的架势。

全面的观察

当我花了许多时间观察后，我了解到架势还包含了经理的衣着、谈吐和特定行为举止。虽然我对工作十分专精且经验丰富，但这仍然不足以成为经理人，我必须让别人看见我比其他人优秀，这不只是外部架势的学习而已，而需要彻底的转变。我开始习惯观察周围事物，注意每天报纸上哪些内容是必须知道的，该使用什么品牌的钢笔、如何书写，如何和同事沟通，以及在会议上要说些什么——事实上，不管你做什么，都会被别人判断、评价，并产生影响力。如果你想要出人头地，仅是埋头苦干做好该做的事是不够的，你必须让别人看起来你是"对"的人。书中的黄金法则就是要塑造我们成为"对"的类型——当然，首先你的能力必须能胜任本身的工作。但大多数人都能胜任本身的工作，那有什么东西可以让你脱颖而出呢？哪些特点可以让你成为升职的最佳人选呢？如何让你和对手形成差异呢？

先人一步

我注意到那些经理人都精通下一步该如何前进，甚至有些经理人在不知不觉中已实践起下一个目标——总经理的架势。

那时，我的工作必须经常往返不同分公司之间，我观察这些分公司的总经理，发现有些人已在原职位上待了一段不短的时间，却没有任何升职的动静，不过也有人开始为下一步做准备——区域总裁的架势、风格和形象。

我则是在训练经理的架势时，也顺便学习了总经理的架势。三个月后，我从助理一职跃升为总经理，更重要的是，我现在是那个白痴经理的经理。

言行一致

罗布有他的架势（法则18：塑造引人注目的风格），但遗憾的是，他没有遵守第一部分法则——对工作内容没有充分了解。他只是让人看起来、听起来好像是"对"的，事实上，他无法胜任他的工作，只是他刚被提拔不久，公司难以立刻换下他；也因为罗布无法胜任工作，这才让我有升职的机会。公司指定由我督导罗布工作，及时纠正他的错误，以免让工作陷入不可收拾的局面。罗布虽然无法胜任他的工作，但数年下来，他没有变得更差，却也难以进步——仅仅看上去是对的，行事也是对的。最后，他只好自己辞掉了工作去创业——开一家餐厅。可惜的是，不久，餐厅也倒闭了，因为他不懂得"法则 2：不要停滞不前"——可能他永远无法理解个中真义。说不定他当餐厅老板时还是一副经理的架势，所以他的顾客从来不曾了解他。

通过实践总经理的架势，我被提拔为总经理，但我也付出许多心力来把工作做好——第一部分法则。当上总经理之初，我有许多事情需要学习。首先，要学习如何扮好新角色，更要了解底下各部门的职责。我没有任职经理的经验，所以对经理的职责不是很明了——现在，我却是经理的经理。我的处境非常危险，如果我无法胜任工作将会让我颜面扫地。

别让人家知道你正埋头苦干

我一直是个专注的法则实践者，直到现在还是，我的唯一秘诀是——秘密学习。我花费可用的每一秒——晚上、周末或午休时间——我随时学习对我有帮助的每一件事。我遵循法则 13，绝不告诉任何人。

在短时间内，我已经精通所有让我胜任工作的方法，而且表现优异。此时，《职场的 108 条黄金法则》的雏形基本形成。

制订计划

总经理一职必须多承担 50% 的工作量，而薪水却只增加 20%，我的心情可谓是悲苦交集。按理说，我的下一步计划应该努力争取成为一个区域总裁，但这个想法最终没有实现。因为成为区域总裁，必须做大量的工作，却不意味着可以拥有更多的收入。于是，我开始研究拟定第三部分的法则：制订计划。我的下一步该何去何从？我想做什么？我开始对终日困在办公室，以及不停上演沉闷和枯燥的会议感到厌烦。大部分时间都花在繁重的办公室事务上，这跟我当初的想法有一段距离。我想再获得工作乐趣，我想继续实践法则，于是我开始制订我的计划。

我观察到公司欠缺一名巡视分公司的"巡视经理"——类似总经理的总经理，于是我实施法则 4——开创自己的优势。我向董事长提交一份营运汇报，这是必要的手法，我并没有明确表示想争取这份工作，不过明显的是，提出这个建议的人是我。当然，最后我顺理成章地获得这项任务，成为一名巡视分公司的总经理，这是全新的职位，我直接向董事长负责，所有的工作报告也是由我自己拟定。至于待遇？答案是远高于区域总经理，同时我开始实践第五部分法则：保护自己。区域总经理可能会担心我向董事长打小报告，但我绝不会那么做，而是支持他们和增进彼此的友谊。我并不会威胁到他们的职位，我也没有取而代之的想法。我反而担心，一旦他们知道我享有的待遇，可能会想争取加薪，不过他们应该不稀罕我为自己开凿的这个不起眼的职位。

我并不需要变得冷酷无情、耍花样或惹人厌。事实上，我和区域总经理之间相处融洽，即使必须指出他们工作上的缺失，我仍然会保持礼貌和笑脸迎人。我把这些法则放在第四部分。

知道谁可以信任

我很快就学习到，想要掌握分公司的情况，最好的方法是让那些真正知道事实的人自己说出来——清洁工、接待员、出纳和司机等。认同这群人并和他们站在同一阵线是非常重要的——法则 94，他们能提供的信息远超乎任何人的想象，而我的代价只是一句简单的问候："你好啊！鲍伯，你女儿的大学生活过得如何？"

《职场的 108 条黄金法则》至此已然成形。又过了几年，我看着它们成长、日趋成熟，而且得到实践的检验，因此，我选择离开公司自行创立咨询公司。我利用本书的黄金法则来训练管理人员，看着他们在职场上实践这些法则，运用自己的魅力，谦逊有礼，发挥自信心和影响力，战胜了命运。

此时你可能有个疑问：如何让这些法则有效运行——该如何巧妙运用这些法则？你绝不能让其他人一起参与这些事，这是你的事，因为你希望在职场上获得改变和进步。

●我必须变成某种人吗？不，你只需在行为上做出些许的改变，这并不会影响你的个性或价值观，你仍然是你自己，但你会变得更练达，更懂得世故，而且更成功。

●这些法则会难学吗？不会，你可以在一两周内就学会，一旦要达到精通的境界，需要一段时间的养成。但我们总是随时学习，实践某项法则，这样比什么都不做要好。

●我们能够很轻易察觉其他人也在私下实践这些法则吗？是的，有时候是很容易，但若是一个优秀的法则实践者，不会轻易让你知道他们在做什么，因为他们擅长伪装，但一旦成为一名法则实践者，就很容易看穿别人是否正在运用和实践这些法则。

●实践这些黄金法则会立竿见影得到回报吗？噢！是的，你一定可以马上得到回报。

●我必须持之以恒实践这些法则吗？首先，我不会承认我正在实践法则——毕竟，我是一个法则实践者。

●运用这些法则合乎道德吗？是的，你并没有做错任何事，只是发挥与生俱来的技巧和天赋，有意识地运用它们罢了。"有意识"——便是深入了解这些法则的关键；你所做的每一件事都经过事先的规划——在别人眼中看起来是自然而然的，事实上，这些全取决于你的决定。不管置身在任何情境，你都能有意识地熟知一切，而不是成为状况外的牺牲者。活在当下！你将保持清醒和有所知觉，以及发挥自己能力范围的优势。但前提是你要有能力胜任本身的工作——把工作做好。法则不是为那些善于狡诈、装腔作势、谎话连篇和无心工作的人而设的。你认为自己是个努力工作的人吗？你从未在职场上成功实践这些法则吗？那就从这一刻开始吧！

让我们一起面对一件事，你喜欢工作和喜欢现在的工作；你希望了解这些职场黄金法则，并希望借此得到成长和提升。我建议你认真地思考目前工作所包含的范围，并且作些改进和变化：

● 你的工作方式；

● 别人如何知道你正在做事情。

如果你不实践书中的法则，也不知道自己想要追寻的是什么，那你只是行尸走肉地在混日子。或许你已经对法则有所了解——而且正在实践——基于自己的本能和直觉。现在，我们将有意识实践这些法则。如果实践这些法则，你将会：

● 获得提升；

● 和同事相处更融洽；

● 更能肯定自己的表现；

● 更乐于工作；

● 更了解你的工作内容；

● 更了解上司的观点；

● 更能以自己和工作为荣；

● 成为下属的良好典范；

● 对公司做出更大的贡献；

● 更受人重视和尊敬；

● 散发善意和合作的氛围；

●在未来成功开启自己的事业。

这些法则简单、有效、安全且易于实行，这是建立自信，以及创造更强而有力、焕然一新的你所必备的 10 步绝招。这都合乎伦理和道德，你不需为了成功而勉强自己做任何你不希望或别人不会欣赏的事。这些法则会强化个人标准和提升你个人的原则。这是我给你的礼物，只属于你，你可以安全和秘密地拥有。

目录

第一部分　言行如一/1

1　让你的工作表现受人关注/3

2　永不止步/6

3　慎当自愿者/9

4　创造自己的优势/12

5　许下承诺并且提前实现/15

6　学会问为什么/18

7　百分百地投入工作/21

8　从他人的错误中学习/24

9　热爱工作/27

10　有正确的态度/30

11　热爱工作但不要过度劳累/33

12　能量管理/35

13　别让人家知道你正埋头苦干/38

14　把工作和家庭区分开/41

第二部分　你随时都在被评价/45

15　学会微笑/47

16　完美的握手方法/50

17　散发自信与活力/53

18　塑造引人注目的风格/56

19　注意个人的仪表/59

20　保持迷人的风度/62

21　保持镇定/65

22　言谈得体/68

23　书写工整/71

第三部分　制订计划/75

24　明确长期目标/77

25　明确短期计划/80

26　钻研升职机制/83

27　制定行动守则/86

28　设定目标/89

29　知道自己的工作角色/92

30　知道自己的长处和短处/95

31　辨认关键时刻和事件/98

32　预先评估威胁/101

33　寻找机会/104

34　终身学习/107

第四部分　说不出好话就闭嘴/111

35　不说闲话/113

36　不要抱怨/115

37　懂得替别人说好话/118

38　真诚赞美别人/121

39　保持快乐和积极乐观的心态/124

40　善于提问/127

41　善用"请"和"谢谢"/130

42　别骂脏话/133

43　做一个优秀的倾听者/135

44　说有意义的话/138

第五部分　保护自己/141

45　熟知公司伦理/143

46　了解公司是否合乎法规/146

47　制定个人标准/149

48　绝不说谎/151

49　绝不包庇任何人/154

50　做备忘录/157

51　知道实情和实情背后的隐情/160

52　建立人际网络/163

53　谨慎约会/166

54　了解别人的动机/169

55　每个人都遵循不同的处世法则/172

56　保持信念/174

57　正确对待自己所做的事/177

第六部分　融入群体/181

58　了解企业文化/183

59　使用企业用语/186

60　穿着相机而变/189

61　学会与各种人打交道/192

62 为上司树立良好形象/195

63 知道在什么时候和什么地方现身/198

64 熟悉社交礼仪/200

65 了解当权者的原则/203

66 熟知办公室等级制度/206

67 不要否定他人/209

68 了解从众心理/212

第七部分 放眼未来/215

69 领先一步的穿着/217

70 领先一步的谈吐/220

71 领先一步的行为举止/223

72 领先一步的思维/226

73 应对公司的事务和问题/229

74 让公司因你而变得更好/232

75　要说"我们"而非说"我"/235

76　付诸行动/238

77　多花时间和上级相处/241

78　让别人知道你已经有所准备/244

79　为下一步做好准备/247

第八部分　培养交际技能/251

80　在冲突时多发问/253

81　不要偏袒某一方/256

82　知道何时要保留观点/259

83　懂得居中调停/262

84　不要发脾气/265

85　不要做人身攻击/268

86　懂得平息别人的怒气/271

87　坚持自己的立场/274

88 客观处世/277

第九部分　了解公司制度并从中获益/281

89 知道办公室的潜规则/283

90 知道如何称呼每个人/286

91 知道何时晚走、何时早到/289

92 区分偷窃和揩油/292

93 识别重要人物/295

94 博得重要人物的好感/298

95 精通新的管理技巧/301

96 了解事件背后的潜在意图/304

97 知道谁是红人，并和他们建立友谊/307

98 知道公司的宗旨/310

第十部分　应付竞争对手/313

99　找出竞争对手/315

100　仔细研究竞争对手/318

101　绝不暗箭伤人/321

102　了解升职心理学/323

103　不要多言多语/326

104　保持敏锐/329

105　让竞争对手看似不可取代/331

106　不要对竞争对手明褒暗贬/334

107　利用对职业晋升有利的时刻/337

108　建立同事情谊，并赢得认同/340

译者后记/343

第一部分
言行如一

这部分的法则是其他法则的基础，也统领其他法则——你必须了解工作内容，并且尽力把工作做好，甚至要比其他人做得更出色，就这么简单。这部分法则的秘诀在于，要确保没有人知道你私底下正卖力工作。你的所有学习都秘密进行，私底下，你不仅绝不泄密，也不能让人知道你正在实践法则——更不要让别人知道你正在阅读这本书，这是你的"葵花宝典"。重要的是你看起来要一如往常，而且能胜任一切，所有事情非常完美且在掌控之中。当你开始实践法则，就可以轻松和自信地完成日常工作。你能遇事沉着冷静，而且勇往直前。但要记住，前提是你必须真正了解自己的工作内容。

1. 让你的工作表现受人关注

在紧张忙乱的办公室里，工作上的努力很容易被人忽视。你像奴隶般埋头苦干，却没有人记得你的努力。你算是哪根葱或哪根蒜呢？你必须在工作上花费力气提升个人的地位与独特的名声，这是非常重要的。你必须成就一些标杆，让你脱颖而出，如此升职的潜在机会才得以实现。

想得到公认脱颖而出的最好方法，就是跳脱一般日常工作事务。如果你每天都需处理诸多琐事——其他人亦是如此——那么，即使你做得比别人多，也不会为你带来更多好处。如果你对上司主动提出一份报告，主题锁定在如何有效让每一个人做更多的事情，你就会脱颖而出。这种主动提出报告是一个明智之举，能让你在同僚间突显自己，也可以借此展现你敏锐的思绪和主动积极的精神。但这一招不能频繁使用，如果像连环炮一样，一天到晚提交非预期的报告给上司，你同样会引来注意，但绝不是赞赏，而是"白眼"。

你必须坚守以下的忠告：

● 只偶尔提出报告；

● 一再确认你提出的报告能有效施行——可以提升工作效率或为公司带来好处；

● 确保你的名字可以显眼地出现在报告上；

● 确定报告不只让你直属上司看到，连上司的上司也可以看得到。好的点子不只可以用提交报告的方式呈现——也可以发表在公司的内部刊物上。

当然，让大家注意到你努力工作的最佳途径，就是你的工作非常杰出，要从 A 跃升到 A+的最好方法，就是全神贯注在工作上，甚至忘了休息。职场上存有诸多美其名为工作，但实际上却是大搞办公室政治、造谣生非、制造小动作、浪费时间和交际应酬。这些不算是工作，你必须集中精神，创造出和同事造成差异化的优势。法则实践者总是专心致力完成手上的任务，工作出色，绝不分心。

如果你对上司主动提出一份报告，主题锁定在如何有效让每一个人做更多的事情，你就会脱颖而出。

2. 永不止步

许多人每天上班心中只有这一个念头——还要熬多久才能下班？他们每天勉强完成必要的工作，直到期待的神奇时刻来临。但你绝不能有这种想法，因为你不是一个停滞不前的人。对大多数人而言，拥有一份工作便能心满意足，并会把日常的工作完成，所以他们会选择安分守己地站在原地不动。但对你来说，把工作完成不是职场竞赛的终点——仅是达成目标的手段而已。你最终的目标是获得升职、加薪、追求成功、渴望继续往上攀升，你会不断累积经验和开拓人脉，以便让自己可以脱颖而出，不管你追求的目标是什么——请参考法则的第三部分——制订计划。就某种程度而言，工作本身只是一个过程。

是的，你必须工作，并且非常出色地完成工作。但你的眼光也要瞄准下一步，在你工作上的每一个行动，都是推动你的计划不断前行的一个齿轮。

当其他人满心期待下午茶时间的来临，或想着漫长下午该如何摸鱼打发，却未开始着手手上的工作时，你已忙着计划和执行下一阶段的策略。在一个理想状态里，在午休前就完成一天的所有工作，这样他们下午才有空余时间。谋划下一步的升职计划、评估竞争对手、撰写一份可以让上司注意的主动报告、调查如何改善工作的方法，学习更多公司的运作流程和公司历史沿革的知识。

在一个理想状态里，在午休前就完成一天的所有工作，这样他们下午才有空余时间。

如果你无法在午休前完成一整天的工作量，那就把以上提及的事项掺入日常工作中。最厉害的竞争手段，就是看起来不像在竞争。但你不能停滞不前，绝不能接受只把工作做好便已足够的想法，这是别人的观点。你应该在前进的路上默默准备、钻研、分析与学习。

　　我们之前曾提及经理的走路架势。嗯，这就是你要做的事情，实践经理的走路架势——或其他你必须掌握的架势。在当下——你必须通过这个架势看见升职的未来——或其他你想要得到的东西。你必须不断往前迈进，不然就会停滞不前身长藓苔；你必须有所行动，不然就会生腐发臭；你必须非常喜欢行动，不然就会在原地生根发芽。

　　充满行动力的你，不会一屁股坐下来就黏住，以致一事无成——记住：永不止步。

3. 慎当自愿者

许多人认为，如果他们对每一件事都回答："好的！"他们便会得到上司的注意、称赞，甚至被提拔。事实刚好相反，这些居于他们之上的精明上司，只会利用这种"好，我来！"的心态。如果你接受：只会有做不完的工作，你的价值则会被轻视和低估，做不好甚至会惹来一顿责骂。因此，当要举手说"我愿意去做"之前，要仔细想清楚，你必须问自己以下几个问题：

● 为什么他或她要找自愿者？

● 当自愿者对我的升职计划有什么帮助吗？

● 如果我成为自愿者，高层主管会如何看待我？

● 如果我不成为自愿者，又会如何被看待？

● 这是一件没人自愿去做的差事吗？

●对我而言，这个工作极度超出我的负荷能力，而且真的需要我主动请缨吗？

如果自愿去做一件没人愿意去做的差事，或许在高层主管眼中你是一个合适的人选——他们认为你有能力承担这个挑战、对事情的解决有极大帮助，准备请你卷起袖子投入其中。但从另一个角度来看，他们也有可能把你当成傻子。如果你自愿承揽的工作只是档案整理，他们会把你视为档案整理人员；不过你也有可能因为对需要帮助的人适时伸出援手，而为自己赢得好名声和博得好感。情景不同，结果就会大不一样，所以你要谨慎判断时间点。如果某项自愿工作意味着将会成为别人眼中的猴子，就没有立场举手当这个自愿者。只有在你感觉不错、充满自信，而且可以获得回报，或当你和那些需要帮助的人已明显与他们拉大差距时，你才要考虑跨出"自愿"的一步。

还要注意，有时候虽然你没有举手或往前跨一步，也会被当成是个自愿者。这种状况极有可能发生，当你的同事都整齐划一地往后退，独留你一人在原地时，就会让你看起来像个自愿者，即使你没有意愿做这件事。这种事情如果是第一次发生，你只能咬紧牙关自认倒霉，努力把工作完成——但要确保类似的事件不会再次发生，至少法则实践者不会重蹈覆辙。下一次，记得耳听八方，注意同事的集体行动，确保其他人一起往后退时，你也是其中之一。

当你举手自愿承担任何事之前，要仔细想清楚。

4. 创造自己的优势

以前，我有一个同事叫麦克（Mike），他拥有一项过人的才能，可以发掘出我们无从得知的客户资料，例如，他有办法知道客户的小孩叫什么名字；知道客户到哪去度假；他们何时生日甚至他们配偶的生日；他们最喜欢的音乐和餐厅等。如果你必须处理一位难搞的客户，你只能谦逊地向麦克请教。只要他愿意提供一点小消息，你便能拉近和客户的关系。这就是麦克为自己开创的优势。没有人要求他成为客户喜欢或不喜欢什么的百科全书，这绝不是他的工作范畴，他一定投注许多时间和别人看不见的努力来成就这项技能，这是一个非常有价值的资产。不久后，区域总经理耳闻麦克的额外努力，于是破格提拔他，麦克的升职是公司有史以来最顺利和快速的，这就是事情的"所有"经过。我说的"所有"，实际上背后要付出许多努力及超凡智慧。

创造优势，意味着你要开发一个有用且别人并未具备的本领。它可能简单如整理表格或撰写报告；或像麦克一样，知道别人所不知的事情；或对工作日程、预算、某些软件系统具有无人能及的能力。但要确保不要让自己对这些工作陷入责无旁贷的责任，不然这条法则就失效了。

当其他主管都认为你的创意很不错时，你的主管想获得同僚的认同，就必须支持和认可你的优势。

当你想为自己开拓优势时，通常会让你逃脱日常的办公室事务。你可以四处走动，经常不在办公室，也不需向任何人交代你到哪里去，或去做什么。这可突显你和别人并不一样，让你拥有独立自主的权利和一个比较超然的地位。我曾经自愿编辑公司的内部刊物——你应该对上一个法则有印象——使我有机会在七家分公司间任意游走。但我总是确保工作能如期完成，且成果比预期还要出色。

为自己开拓一项优势，你将获得别人的注意多于自己的上司——其他人的上司。当这些上司聚集在一起互相讨论的时候，如果在他们的讨论过程中提到你的名字，你的优势便获得肯定——"我注意到，理查总是忙着做一些很有创意的市场分析。"这会让你有机会得到重用和提拔。当其他上司都认为你的创意十分不错时，如果你的上司想获得同僚的认同，就必须支持和认可你的优势。

5. 许下承诺并且提前实现

如果你估计能在星期三以前完成工作，记得要说成星期五；如果你知道你的部门要花一星期才能完成任务，记得要说成两个星期；如果你知道新购买的机器，从安装到运作需要额外两名人手支援，记得要说需要三个。

这并非不老实，只是做事应该谨慎一点。如果有人责问你为什么要夸大事实，就公开和坦诚地承认，说明这么做是考虑到意外发生的可能性。他们不会因此而否定你的。

第一步是许下承诺，而且只说宽裕的时限，或星期五或两周或其他，但这并不意味你可以慢吞吞的进行，以消磨多出的时间。噢！不，你必须确保你的工作能在预算和期限内提前完成，而且成果还比你许下的承诺更加出色。

　　第二步就是提前实现。意思是说，如果你承诺星期一递交报告，你一定要在星期一以前完成，且所完成的不该只是报告而已，而是应为新营业场所提出报告内容的整体执行计划。如果说你要在周日晚间举办一场大型展示会，而只有两名额外人手可以支援——那你应该想办法让主要竞争者也参与这场展示会，这样才会让你的实力被看见。或如果说，下次会议前你要拟出一本全新的分公司简介草稿，你不只要准时交稿，还要提交一份彩色排版、详细校对的打印稿，还要附带所有可用的照片，以及印刷和发行宣传册的详尽成本和报价。很明显的，你工作非常谨慎，你不做超出限度的事和绝不越权，但是，我确定你明白其中的道理，那就是在工作中做出承诺后，一定提前兑现承诺。

　　让我再补充一下，这可能是一些明显的状况，当你在实践这个法则时，千万不要到处张扬，或让你的上司一开始就对事情有所期待——这是个令人愉快的惊喜，而不是一种常用的战略。

　　有时候，装聋作傻的行为也会有加分效果，你可以假装不了解某些新科技或软件，但事实上却比谁都熟悉；然后，当你完成所有预算的电脑报表而且无人能及，你就能借机表现出优秀的一面。但如果你事先就说："喔！我懂，这种电脑报表在我上一份工作就处理过。"
这就没有任何惊喜可言，因为你把手上的筹码和优势都已提早曝光。

　　为了可以达成承诺并且提前实现，你必须有一个底线——作为一
个法则实践者，让自己绝不拖延或成果大打折扣真是太简单了。首
先，如果你必须拼死拼活挑灯夜战才能完成工作，那么就这么做吧！
一旦你承诺要如期完成——或提早——就没有其他延后的理由。此
外，在一开始许下承诺时，应争取一个较长的完成时间，这总比最后
无法完成令人感到失望要好。有许多人总是为了讨上司的欢喜、认同
或称赞，因而同意上司为他们设定的时限，他们会说："好，没问
题，我办得到。"结果却无法如期完成。开始他们似乎能力十足，最
终却无法胜任，真是虎头蛇尾，这样反而容易让人产生不好的印象。

6. 学会问为什么

如果你没有看清自己所做的工作的未来发展前景，你是不会全身心投入工作的。你或许只是一台大型粉碎机上的一颗不起眼的螺丝钉，只是公司的一个小员工罢了。但是，如果你不回头看看整台机器是如何运转的，你就不会明白你这个小小螺丝钉所发挥的作用了。并且，如果你总是以一颗小螺丝钉、螺栓、转动轴或活塞的身份与他人交谈，那么你周围的所有人都会把你看成是那台大型粉碎机上的一个小部件。

但是，谁都渴望成为这台机器更重要的部件，你也是。你希望在公司里得到锻炼、发展，并作出更大的贡献。为了实现你的抱负，或让自己看上去是公司重点培养的要为公司作出更大贡献的人选，你就必须清楚自己所做的工作的来龙去脉，以及完成它的目的。

要了解自己所承担的任务的情况就要多问。当你的上司给你详细介绍一个新项目或新任务时，你要问问这个新项目或新任务是如何与公司的整体发展相融的，为什么公司会转而关注电话营销领域？这是市场发展的要求呢，还是公司想有所创新？财务部为什么被分成两个部门？是为了让客户受益，还是为了完善公司内部结构等。

我并不是说你要事无巨细地问一些无足轻重的小问题，诸如你该用什么颜色的曲别针来别一式三份的粉色打印稿，或者通过邮件发送休假申请是否合适等。我说的是，你的提问要体现出你关心的是整个组织的发展，而不是站在自己的立场考虑问题。你要让上司明白你密切关注公司整个发展蓝图。

诚然，你关心整个组织的发展，站在公司的立场考虑问题，这会让你的上司认为你能胜任更高一级的工作并能统领全局，是一位对企业忠诚且关心企业长远发展的人。不过，你也会发现，如果你在工作中视野开阔，你的工作将变得更有意义。如果你能理解公司的一些变化、发展新动向、额外业务或公司开发的特殊项目等背后的真正意义，你将变得更有工作积极性。

你的提问要体现出你关心的是整个组织的发展，而
不是站在自己的立场考虑问题。

7. 百分百地投入工作

作为一名法则实践者，你必须比其他同事更努力工作。别人可以浑水摸鱼，你不行；别人想尽办法减轻工作量，以便可以跷着二郎腿休息，你也不行。为了往前迈进，往上攀升，你必须百分百地投入。为了自己的长远目标，你得分秒必争。对你而言，没有时间可以怠惰、沮丧和玩乐，在你追求目标时，要避免错误、闪失或意外。

你必须像那些犯下滔天大罪的人一样行事——他们的生活必须循规蹈矩，不能冒丝毫触犯法律的风险，稍有不慎，自己会引起别人的注意，继而被追查出更大的真正罪状——所以你要小心和注意你说什么、做什么。

如果这么说觉得过于严格，就退出吧！我只想留住百分百坚定的法则实践者作为队员。如果你想达到这种高标准，就把誓言灌入体内的血液中。你必须随时保持警戒、全神贯注、保持清醒、发挥十倍的热忱，随时作好准备，谨慎行事，敏锐机警。要做到这些，对一个人来说是极其困难的。

这么做值得吗？当然值得。在这个充满瞎子的职场，你是唯一一双雪亮的眼睛，看见前方的路途。你会拥有力量——更重要的是，你乐在其中。看着你周围的人都在盲目地竞争，而你却能置身事外，保持客观和超然，这比什么都更让人兴奋。

你会发现，一旦你开始投入并敏锐观察，就无须做太多事情。你只需轻推一下别人，便能改变别人的方向，而不是使用蛮力强行拉扯和推撞。你的处世技巧变得细腻和温和。

但你真的必须百分百投入工作。如果你尝试想要投入却无法全心专注，你将会因准备不足而失败，这会让你看起来像个傻瓜，而不是个冷静且能控制一切的人。全身心投入，是你不再作任何的抉择便能找到自己想要走的路，在任何情况下，你只需自问："这会不会让我的法则实践更精进？"——然后，你就能作出适合自己的抉择，就这么简单。

你必须随时保持警戒、全神贯注、保持清醒、发挥
十倍的热忱，随时作好准备，谨慎行事，敏锐
机警。

8. 从他人的错误中学习

聪明的人从自己犯的错误中学习，智慧的人从他人犯的错误中学习。这是法则践行者告诉我们的话，任何一位明智的法则践行者都遵循这一法则。我们都会犯错误，但是所犯的错误越少，你就越优秀。

听起来是这样的，但是，你不能仅仅将"从他人犯的错误中学习"视为锦囊妙计，你得真正实践它。所以，每次当你身边的人把工作弄得一塌糊涂时，你都得了解事情的前因后果。你得做好"侦查"工作，明察秋毫。没有人愿意被同事盘问自己在哪方面犯了错，因为你的同事可能会因为不是自己犯了错误，事不关己而高高挂起，甚至沾沾自喜、得意忘形，并表现出一副爱管闲事、假惺惺关心人的样子。但这绝不是我们所提倡的行为。

因此，当同事犯错而深陷困境时，你要不动声色地找出他哪里出了错。最好的方式之一就是帮助同事把事情做正确。毕竟，这并不存在竞争，我们实际上也不希望我们的同事工作一塌糊涂，只是希望如果同事做了某项工作我们也能从中受益，而帮助同事改正错误是发现他们工作出错的绝佳方式。

一旦你找到了同事工作时的出错之处，你就要弄清楚这个错误是如何发生的，为什么会发生。然后，你要扪心自问，自己是否会犯同样的错误。你是否曾因匆忙而没有复查文件？你是否忘记下班时查收一下语音邮件？你是否在谈判时认为准确无误的基础数据实际上是不准确的？你是否在日记里记错了完成任务的时间？如果你犯过上述错误，那么，你现在就必须着手设计一些错误修正系统以确保不再重蹈覆辙。否则你还会犯同样的错误，只是时间迟早而已。记住，如果你目睹同事犯了错误而表现得无动于衷，以后你犯类似错误时，你的处境会更糟。

随着时间的推移，你会发现对别人所犯的错误持全面了解、探讨打听的态度，比起自鸣得意地说"我不会犯这样的错误"会得到更好的结果。你犯的错误越少，留给上司的印象就越深刻。这条法则就是这么简单。

每次当你身边的人把工作弄得一塌糊涂时，你都得
了解事情的前因后果。

9. 热爱工作

如果你无法让自己快活，生命还有什么意义呢？如果你的工作没有任何乐趣可言，这样的工作就没有理由继续做下去——不如去申请失业救济金生活。我认为在现实中有许多热爱工作的人，但他们不敢大声张扬，因为担心被贴上工作狂的标签。

说出你对工作的热爱，一点也不应该感到羞愧。有些人在工作中感到万分痛苦，抱怨自己的处境，这样似乎可以得到他人的认同，很多公司内都会有不同的小团体，有些人会聚集在一起，互相抱怨他们对工作有多么厌烦。

但你不应参与其中，法则实践者会热爱他们的工作，也会让别人知道他们热爱自己的工作。当你承认工作充满乐趣——你的乐趣会多于其他人——你会发现你的步伐变得轻盈、工作压力减少，你的行为举止会更有自信。由于你承认工作充满乐趣，等于正在运用一种通常只有成功职场达人才拥有的秘诀。工作充满乐趣——请铭记在心。

在工作时感到愉快和认同工作的好处，两者并不相同。认同工作有好处表示你为自己所做的一切感到骄傲，乐于迎接挑战，以积极和热情度过每一天。在工作时感到愉快则表示不需做很多事，可以聊天打诨，和同事交际应酬，整个下午品尝着咖啡。我相信你会同意两者的差别，在工作时感到愉快是暂时性的，当欢乐气氛存在时，这种高昂的愉快情绪才有办法延续，否则兴高采烈的心情就会逐渐消失。

认同工作的好处，代表你享受谈判、招募、解雇、日复一日的挑战、压力、失望、不确定的未来、新学习曲线等，你乐在其中，把它们当成对勇气和毅力的考验且勇于面对。你可能无法想象，在退休一年内死亡的人数是多么地惊人——这也显示出工作对我们的重要性远比我们所想象的还要大。

如果你不能享受和体会工作的乐趣，那你注定成为抱怨者的成员之一，也注定成为人生的受害者和失败者。

说出你对工作的热爱，一点也不应该感到可耻。

10. 有正确的态度

在工作中，许多人会有一种心态，划分成"我们"和"他们"。大家总是喜欢站在"员工"这一边，一起抱怨"管理者"。但你应该有正确的态度，跳脱出"我们"的层次。不管你现在身处何职，在未来说不定有机会成为某一部门的主管、董事会的成员，甚至是总裁。你必须开始注意两边的可能情况，并且辨认出哪边是"他们"。你不一定要偏袒某一方，甚至在公开场合，你可以站在"同事"和"员工"一边。实际上，在内心深处，你清楚知道你是站在"他们"那一边，就像谚语所说："身在曹营心在汉"的境界。不要忘记，当你的同事相互抱怨管理者的政策时，你应该试着以"他们"的观点来分析。有时候，为了迎合和融入"我们"这一边，你只好伪装成一个抱怨连连的员工——但这绝不是明智之举。你应该点头附和就好，千万不要加入抱怨的行列。

正确的态度表现包含两个层面：

●首先，你必须和管理者站在一边，用他们的观点看待公司的决策；

●其次，你必须全神贯注，坚持成为一名法则实践者——设法成为第一名（你的名字就叫第一名）。

正确的态度意味着你对所有事情都会力求表现，不只是今天，而是每一天；不管是简单的工作，还是棘手的难题，都会全力以赴。

正确的态度意味着你已经超前许多，但当你感到疲惫、沮丧，甚至准备放弃时，你还是得咬紧牙关，努力前进。其他人能选择放弃，你不能，因为你是法则实践者。

正确的态度是要昂首阔步，不要随便抱怨，用正面和乐观的心态面对一切，不断寻求竞争优势和创造利基点。

正确的态度是要制定标准，持之以恒地贯彻这些标准。在工作中，知道自己的底线在哪里，也要知道什么时候应该设定标准。正确的态度是，你要意识到自己拥有无限权力，所以在运用权力时会秉持仁慈、克制、人性化，以及顾及他人的感受；你不应该想打击或操控任何人，也不能对人冷酷无情。任何人在工作中精神恍惚，对工作漠不关心或错误的态度，这是他们自己的问题。你必须在道德上设定高标准。正确的工作态度就是，工作又好又快；在工作中既友善待人又谨慎遵守工作规则；既为他人着想又能取得成功。

必须在道德上设定高标准，既为他人着想又能取得成功。

11. 热爱工作但不要过度劳累

希望你热爱自己的工作。不管你对工作的满意是否来自于你的同事、你的成就感、你对所做事的执着、你得到的认可、你的收入等，我都希望你从工作中有所收获，从而对它充满热情。

但是不要误认为你热爱工作就意味着你得长时间不停歇地工作以及不停地接受考验来证明自己确实热爱工作。热爱工作与延迟下班是两回事。如果你工作积极主动，充满热情，这种品质会在你工作时显露出来的。我相信，只要你热爱自己的工作，你的上司会认可和赞赏你的，而这种认可和赞赏不关乎你工作时间的长短。

不必为了表现出对工作的热爱而把自己搞得筋疲力尽。事实上，要维持对工作的热爱是很难的，它会慢慢消耗你所有的精力。重要的是你在工作中所取得的成就，而不是你花多长时间取得这项成就。你或许不同意这种观点，你认为如果你真正热爱工作，你就能在短时间内同其他人一样有所成就。你要这样认为也行，但这并不是说你下午上班两个小时就可以下班回家了，而实际上你对工作的热情会让你一直保持较高的工作效率，即使你和其他人一样下午 5 点才下班。

人们通常认为能保持工作热情是件好事，这关系到你是否在做正确的工作。它与你如何工作无关，而关乎你在工作中的感受。所以，不必通过长时间的工作来证明自己热爱工作。再说，这无论如何也无法证明你热爱工作，因为即使你一天工作 16 个小时，但你仍有可能对自己所做的事不感兴趣。这种生活令人相当痛苦，我知道有人就过着这样的生活。

所以，你要培养工作热情。如果你觉得自己并不热爱自己从事的工作，换个方式看待自己的工作，看能否对它产生兴趣，或者拟定一个能激发工作热情的计划，然后在工作中创造这种热情。我并不是说培养工作热情易如反掌，但对许多人来说，他们终身都在培养工作热情。但是，有一件事情我向你保证：如果你不尝试培养工作热情，你永远也不会热爱你的工作。

12. 能量管理

相信每个人都听说过时间管理，我希望你擅长时间管理，并尽力提高自己管理时间的能力。时间管理得越好，你的工作就越有效率，你取得的成就就越大，为自己赢得的时间就越多。

如果你在工作中没有得到提升，就要考虑进行能量管理。每个人的能量是他自身储备的最根本的资源，但不知道为什么这种资源无法自行管理。你要在工作中投入大量能量，并能保证这些能力用得恰到好处，事半功倍。

能量管理主要是对身体能量的管理。例如，保证自己拥有健康的体魄，不要让自己在第二天上班时显得疲惫不堪；为了让孩子第二天上学精力充沛，我们得让孩子早睡早起。相同地，为了在第二天工作中保持旺盛的精力，你也要确保自己不熬夜，不暴饮暴食，不喝酒，按时吃早餐等，总之，就是尽量不要做会降低工作潜能的事。

能量管理的另一个部分是对精神能量的管理。你白天什么时候工作状态最佳？酒足饭饱之后还是饿着肚子的时候？你在什么样的环境中工作最有效率，安静的、繁忙的、压力大的、嘈杂的还是友善的？我们都有自己的个性，都与众不同，你或许在每天工作中无法完全掌控局面，但是对一些需要集中处理的工作，你一定得能让自己保持精力集中。

情绪能量管理也是能量管理的一部分。如果你的家庭生活不幸福，你早上起床上班前，一定要找到方法控制自己的情绪，以免影响工作。如果你承受着情感压力去工作，你就得想出个可行的办法，让自己摆脱这种情感的束缚而保持旺盛的精力。你可以利用午饭时间出去散步放松心情，可以和让你心情烦闷的人好好交流以消除压力，还可以向上司倾诉以缓解心中的不快。

最后，你还需要得到精神上的满足以保持充沛的精力。对有些人来说，精神上的满足可以在工作之外得到，但是对有些人而言，他们只有在工作中才能体会到强烈的自我价值，从而获得精神上的满足。

在何处才能得到精神上的满足，这点只有你自己知道，但是你得确保自己的工作不会过于约束你的心灵能量，否则你和你的工作都得完蛋。

13. 别让人家知道你正埋头苦干

我观察过，像理查德·布兰森（Richard Branson）这种人，在别人眼中，他整天都在寻找乐子：搭乘氢气球旅行；住在经过改装的大游艇上，畅游世界。你从来没有看过他正经八百地在办公室里回复来电，或处理文书工作，但他的确在上班日的某些时段做好他必须做的工作，只是我们没看见罢了。因此，他给我们的印象是生意场上的花花公子、乐天知命的企业家，或精力旺盛的冒险家。这种形象真的很棒，看起来他总是与欢乐和自由同在——为什么不呢？

这也是大无畏的法则实践者所要建立的形象——温和谦恭、自由自在、一派轻松、从容不迫和沉着镇静，宛如一切都在掌控中。你绝不会匆匆忙忙、惊慌失措，也不会仓促慌乱。是的，你可能通宵达旦熬夜把工作完成，但却不承认有这种事；是的，你可能在星期天、假期、周末都在埋首工作，但却不愿意让大家知道，你从不会因为要埋头苦干或超时工作，发出半句怨言。任何局外人眼中看到的你，都是一派轻松，安之若素。

很显然，若想达到上述的境界，你必须对你的工作驾轻就熟。如果不是，而且不尝试符合这个法则的要求，你将会是一名失败者。所以，如果你无法对工作驾轻就熟，你应该做些什么呢？挑灯学习、研究、积累经验和所需知识、大量阅读、请教他人、改正工作中的不足之处、刻苦努力、不断提高工作技能，直至你对工作有彻底的了解为止。如果能做到这样，你会像湖面的天鹅一般，优雅冷静和悠然自得。

在这个法则中，还有一些事项需要注意：

●绝不要求延迟最后的期限；

●绝不要求帮助：不要承认自己能力不足——你可以寻求指导、建议、信息和意见，但绝对不寻求协助；

●不要因为过多的工作而心生抱怨和到处发牢骚；

●学着果断一点，那就不会有工作过多的困扰——这不是说要你让人知道你如何埋头苦干，但你不需要把一件事做到过度，自然不会陷入满负荷的工作状态；

●不要让人看见你汗流浃背的工作；

●试图找出可以减轻工作负荷的方法——不能让别人知道——以及找到更有效率的做事技巧。

若想达到上述的境界，你必须对你的工作驾轻就熟。

14. 把工作和家庭区分开

只要在单位上班，就全身心地投入工作，努力工作。如果人在公司，满脑子想的却是家事，人们会认为你不胜任自己的工作。然而，告诉他们真相，他们或许会站在你这边。

回想过去曾和你共事的人或现在与你共事的人，有谁常常在上班时间花时间不停地唠叨他们的家事、他们的社会生活，不停地抱怨他们的母亲，抱怨没有假期，讨论他们最近都购买了什么，啰嗦孩子们在学校赛跑的事，告诉你他们的圣诞计划？这些人中，你认为有多少人对工作充满热情并能胜任自己的工作？你或许会认为没有一个人工作出色。

你也不必对自己的私生活守口如瓶，让你的同事不知道你有孩子，不知道你的母亲生病了，或者不知道你喜欢钓鱼。但是你确实需要很好地隐藏自己的私生活，以便上班时间能集中精力工作，确保以最快的时间和最有效的方法出色地完成工作，这也会让你的上司，甚至上司的上司认为你是一位全身心投入工作并且对工作充满热情的员工，还会让你体会到工作带来的愉悦。

你的同事没必要知道你的私人生活。当然，你需要发泄心中的郁闷或与朋友倾诉心事，但是别在工作时间做这些事。如果同事之中有你的好友，那么你可以在下班后约他们喝酒谈心。

每个人都会碰到一些烦心的家事，如父母生病，孩子在学校里的表现不好，邻居脾气急躁难以相处，越来越大的还款压力，或者要与令你讨厌的弟媳共度周末。你的同事没必要听你唠叨这些琐事。他们也没有必要听你唠叨。对不起，事实就是这样。这并不表示我没有同情心，但是在工作时间、工作场所说这些家庭琐事，我认为很不恰当。

当然，我知道有时生活中也会出现一些大事，它们会对你的工作带来很大影响。但这类事很少发生，而且情况比较特殊，比如离婚或亲人离世。如果发生了这种事，你就无须隐瞒，你应该让上司知道几天或几周以来，你的心思为什么无法放在工作上。但是如果在这种情况下你尽自己最大的努力来控制自己，再加上你平时为自己赢得的能很好平衡工作和个人生活的美誉，此时，他们将会给予你最深切的理解和同情。

心无旁骛才能让你体会到工作带来的愉悦。

第二部分
你随时都在被评价

有关我们的任何事都可以成为别人的谈资。无论是穿着、开什么车、去哪里度假、言谈举止、走路姿势，甚至午餐吃些什么，都会成为别人谈论我们的话题。

第二部分法则是要确保让别人对你的评价是正面的，以增进你的职业生涯发展。如果你未曾想过这个问题，这部分法则会协助你认识你会给别人留下什么样的话题，以及如何改进，才能受到别人的青睐。你可能无法阻止别人对你说三道四，但你可以改变并自觉地影响他们谈论你的内容。这部分法则包含：如何穿着、如何增加自信、如何优雅得体、如何塑造个人风格，以及如何讨好他人。

15. 学会微笑

还记得一首诗吗？《如果……》里"如果周围的人失去理智为难你，你仍能镇定自若保持冷静"那句话吗？很简单，就是微笑。不管面临任何状况，都要保持微笑。当你在早上碰到同事时用微笑相迎；当你与人握手时也要保持微笑；当你遭遇挫折时也要保持微笑；当你陷入困境时更要保持微笑。记住：不管面临任何状况，都要保持微笑。

要怎么笑？要笑得亲切、真诚——要做到眉开眼笑——坦率、开朗、愉快，发自内心、诚恳。想让自己拥有如此的笑容，最简单的方法就是打开心扉，微笑不仅是一个动作或临时的假表情而已，你必须由衷地表现出真诚，感到真正的愉悦。你必须做到这一点，否则会让别人觉得缺乏诚意或矫揉造作。如果你无法做到这一点，那就收起你的苦笑吧，否则大家会疏远你。

我们先假设你会由衷地笑逐颜开，快乐且友善地微笑。现在，让我们适当地改善一下笑容，练习如何微笑，然后可以笑得更灿烂。但是，迷人舒心的微笑恒存于一个人的内心，我们相信每个人的内心都拥有这种微笑。

你可以看着镜子，对自己微笑。你可能会觉得脸上的笑容不太对劲，笑得表情生硬，当然，这种情况很有可能的，因为你从镜子中只能看到自己的正面。照片中的笑容也不能反映你笑容的全貌，因为照片是二维的。所以你需要各个角度地观察自己的微笑，最好是以三维方式观察微笑——就是拍摄 DV，或用其他类似的方法。

如果你不好意思找伙伴或朋友来帮你拍摄，让你练习和改善笑容，那就只好自拍，现在的电脑不是都配有视频镜头吗？但不管如何，也不要重蹈我犯过的错误。当我还是财务经理时，某天下午被临时通知去兼任一家超市的代理经理。这家超市非常宽阔，平日顾客不多，于是我忙里偷闲，通过店里的闭路电视，练习走路架势、微笑，以及外在的举手投足。当我返回办公室观看拍摄的效果，以便把表现不佳的部分找出来，再作改善。这样的做法十分有趣。数个星期后，

　　我受邀观赏为全体员工准备的节目。是的，我忘记把练习时的录影格式化，原来的店经理——为他欢呼——发现了录像带，并在节目中播放给大家观赏。我如坐针毡，眼睁睁看着糗事在面前发生。我的好友还在我耳边加以评论，指出哪些地方值得再进行改进。我涨红了脖子，无地自容，真的太滑稽和太可笑了。

　　所以，当你练习笑容时，不要笑得嘴歪眼斜；只要适度露出洁白的牙齿，让你看起来愉悦且真诚；这需要不断练习，直到你能笑容可掬为止。

**　　内心真诚才能表现得真诚。**

16. 完美的握手方法

我们经常要和别人握手，但通常都是无意识的随便握握。你有算过在职场上，每周要和别人握多少次手吗？你有想过通过握手所传递的信息吗？不管如何，短暂的握手却传递了多种意义，因此，你应该通过握手表现出百分百的自信和让人觉得可靠，有安全感。当有人和你握手后，他们应该对你的魄力、自信、活力，以及镇定感到印象深刻。如果你对握手方法有任何怀疑，那就找个朋友来告诉你。

如何才可以把手握得更好？握手时要坚实有力。你能通过紧握别人的手来加以确认力度，但别用力过度，不然会让人感到不舒服。

你也可以采取自己的握手方法，展现自己的个性，更容易让别人记得你。我祖父握手的方式就堪称一绝，他用两根手指（大拇指和食指）坚定地握着你的手，让你仿佛有如跟皇室成员握手的错觉。

　　握手是非常正式、传统的礼仪。握手不同于击掌式的问候，也不是共济会会员的拉扯式的摇手，以及任何非正式的方法，坚持用典雅、传统的握手方式，以便让人记得你的自信和权威。

　　理想的握手是先大方自然地伸出手，你应该用自信肯定的口吻介绍自己的名字，同一时间，以热忱、友善和大方稳重的态度主动伸出你的手，这样你就会散发出一股气魄，双眼看着对方，他也会说出你的名字作为回应。我们都喜欢听到别人叫自己的名字，这有助别人记住我们。

　　当要介绍自己的名字时，记得先打声招呼，说一句："您好！"就是这样。或许你希望现代化一点、更轻松一点，可以用英文说："Hello"或"Hi"——不管如何，由你喜欢。但优秀的法则实践者会选择说："您好！"紧接着就介绍自己的名字，这是非常正式和典雅的传统方式，不要说："Hi，我是大卫，任职于营销部。"类似的用语可能会带来讨喜和亲切的效果，但却难以让人印象深刻；你也不会从中得到任何好处或优势，反而降低了自己的地位。最好是说："您好！我是大卫·辛普森，是营销部经理。"此话一出，立刻把你和一般职员作出区分，也突显比其他人更资深。接着就是一个肯定，而且信心十足的握手，这样往后的事情和合作就能得心应手。

握手不同于击掌式的问候，也不是共济会会员的拉扯式的摇手，以及任何非正式的方法，坚持用典雅、传统的握手方式，以便让人记得你的自信和权威。

17. 散发自信与活力

　　有一次，我为许多职业妇女发表一场有关压力管理的大型演讲，当我上台准备演讲时，才发现没有讲台可以放讲稿（不，我准备的不只是几张讲稿而已），甚至没有站立的地方。只有一张桌子和一把椅子在前面，如果我坐在椅子上，就会看不到后排的听众，也显得拘谨和正式；如果我选择站立，双手交叉在身后，看起来会像菲利普亲王（Prince Philip）正在对皇室工作人员训话。我也可以双手垂直，或重叠交叉在胸前，而这样会让我看起来像个羞涩的学生。但我的演讲主题是关于压力——压力管理，因此我必须让人觉得很轻松、镇静——我一边走一边讲演，用实际行动践行自己对应对压力的理解。

　　我的解决方法是，坐在桌子的边缘。我可以轻松的摇晃着我的腿，也可以往后倒、往前倾，如果我想要，甚至还可以躺下来。多年以后，我遇到一个当年莅临这场演讲的女士，她告诉我她早已忘记演讲的内容，但对于我一派轻松的印象倒是难忘——以及演讲结束时，轻松地跳起来，让当地记者拍照。对于那些事情我早已忘得一干二净，但她说我看起来就是充满自信、落落大方和精力充沛。

　　轻松而且充满活力，这就是我们要追求的目标。每天早上，当你踏进办公室那一刻起，每一个步伐仿佛洋溢着春天的气息。不要管别人是不是看起来像刚睡醒，睡眼惺忪地走进办公室，或经长时间挤公车上班的人疲惫不堪。而你则活力四射和精力充沛，好像已为新一天的工作做好准备，所有事情在你眼中都成了轻而易举的小玩意，不当一回事。走快一点，不要慢吞吞——脚步快表示敏捷、有活力；表示清醒和精力十足，准备好迎接工作上的所有挑战。

　　走路可以走得快，想法却不要过于跳跃，不然会让你看起来很匆忙、不定。你的架势必须顺畅，一副胜券在握的样子——不慌不忙、不懒散、不受制于人、不让别人击倒和不垂头丧气。在别人眼里，你的形象必须是明亮、清新、朝气和活力十足，且充满热情。

每天早上，当你踏进办公室那一刻起，每一个脚步
仿佛洋溢着春天的气息。

18. 塑造引人注目的风格

这里所说的"风格"代表品味、优雅、有教养、不落俗套、有内涵和鉴识力。你应该以这些特点塑造自己的风格，这样才能引起他人的瞩目。或许你认为把头发染成红色，只穿着慈善义卖店的廉价衣服也是另类的一种风格，也能吸引别人的注目，但这并不是法则实践者的所为。想一下卡里·格兰特（Cary Grant）和乔治男孩（Boy George）；再想一下劳伦·巴考尔（Lauren Bacall）和麦当娜（Madonna）。他们当然各有特色，风格各异，而且都受人注目。不过相信我，卡里和劳伦才是你想要的形象，他们是如此经典、永恒和有品位。

如果你想塑造自己的风格，可以有多种的选择：

●固定穿着单一款式，并且让人容易辨认——例如只穿黑色系、双排扣，或选择阿玛尼品牌服饰，或只用典雅漂亮的手提包/公文包。选择一种类似品牌标识的穿着哲学，并忠实这种穿衣风格。

●只选购你能力所及的最好产品。

●绝不穿任何紧绷的衣物——宽松一点的服饰，会让人觉得有质感且优雅，而紧绷的衣物则会让人想到贫穷和廉价。

●少就是多——不要把自己打扮成珠光宝气，只买或只穿最好、最精致的服饰。如果不是高级品就不要穿戴。你会发现，如果你限制自己只使用高级品，就会流露出高级的品味，这样的品味也可能把出问题的模糊地带排除掉——花大钱会让你和其他人差异性扩大。

●如果你有化妆的习惯，就坚持一种最适合和最好看的彩妆。不要因季节或时尚流行而任意改变——让大家熟悉你的样子且容易辨认，形成自己的风格。

●随时盛装打扮，不要邋邋遢遢——最好的装束是正式一点的，随便、不正式是最不好的。

●确保所有的饰品和穿衣品味都相得益彰——漂亮、高贵、合身、容易辨识、高品味。你的外形和穿着看起来相当得体，却拿着一个磨损不堪的老旧公文包，虽然也是高级品，但毕竟非常破旧，不会让人有好印象——当然，除非这是你的风格标识，并且要确保这个公文包是个昂贵的、有点怀旧的古董包。

想一下 卡里·格兰特（Cary Grant）和乔治男孩（Boy George）；再想一下劳伦·巴考尔（Laurn Bacalle）和麦当娜（Madonna）。

19. 注意个人的仪表

　　每天早上你都必须仔细检查一下自己的衣着，细节至关重要。任何一件被你忽视的小事，都有机会被别人发现——而且它可能是影响你升职与否的致命关键。每天上班都应该像准备面试一样小心谨慎。当你要上班前，必须检查：

　　●脚上的皮鞋是否亮丽且保养良好；

　　●衣服是否烫得平整、干净、焕然一新且整整齐齐——没有掉纽扣、脱线，也没有裂开的细缝；

　　●你的体味闻起来就像刚洗过澡般清香，如果有体臭的人，可以喷一下适量的香水；

　　●每天洗头——剪一款端庄的发型，保持前后一致，不要经常变换发式；

●男生要刮胡子——当你在刮胡子时，必须检查一下脸上是否有凌乱的鬓毛、面包屑、污垢、绒毛；

●女生要化妆——化个简单和容易的彩妆，但一定要好看和适合你，而且保持一致和完美；

●保持牙齿清洁，口气清新怡人，舌头也干干净净（没有黄色的舌苔）；

●指甲修剪平整，不藏污纳垢；

每天上班都应该像准备面试一样小心谨慎。

●双手保持干净，没有因修理汽车、DIY 或整理园艺留下的污垢——做这些工作时，记得戴上手套；

●如果你会抽烟或喝大量咖啡，请确保牙齿没有染上黄渍（或一双烟垢手），嚼薄荷或口香糖，可以让口气恢复清新；

●要修剪鼻（耳）毛；

●如果你戴眼镜，确保款式适合你，而且每年检查一次度数或更换眼镜，以便视线清楚，以及戴起来和你相称。保养良好——镜片没有裂痕，镜架没有歪斜。

　　你无需变得爱慕虚荣，或一直刻意照镜子。一旦你养成了很好的个人习惯，习惯就会成自然。我曾经和一名女生共事，她每次喝完咖啡或吃过甜点便跑去刷牙，她这种行为除了引人注意外，也不能说有什么不对之处，但她的同事却认为这样的举动有点怪异，或是强迫症的征兆。她犯的错误不只是刷牙过于频繁，在刷牙时甚至会手舞足蹈。如果她稍加注意，谨慎行事可能会好很多。

20. 保持迷人的风度

　　毫无疑问，英俊貌美的人比相貌平平的人更幸运，这是有统计数据可以佐证的。漂亮和英俊的人不必那么辛苦工作，就有更多的出人头地机会。但什么因素会左右一个人的吸引力和好看的外表呢？如果你仔细观察那些你认为有吸引力的人，就会对形成他们亮丽外表的元素而感动。如果我们先忽视先天性外观的明显不足，例如暴牙或扁平鼻——这些都可以通过人工修整——我们会发现迷人的风度是难以清楚定义的。拿任何一位好莱坞巨星为例子，例如：丽莎·明妮莉（Liza Minelli）、伍迪·艾伦（Woody Allen）、朱莉娅·罗伯茨（Julie Roberts）或肖恩·潘（Sean Penn），这些人的外貌都不能堪称经典，但我们可以看到他们身上流露出的感召力、魅力、吸引力，以及一种从容不迫的雍容态度。他们会在你的面前敞开自己，他们拥有生命力、迷人的风采、戏剧的张力、影响力、个性鲜明。

　　你也必须具备这些特点，这些比天生丽质更容易培养。要变得更有吸引力，关键都在第二部分法则里。如果你穿着得体、注意个人的仪表、养成笑脸迎人、任何时候都注重仪态和外表，以及表现出镇静、友善、热忱、表达清楚并且宅心仁厚，这样你就会展现出很有吸引力和出众的仪表。一个人的笑容和双眼可以相映生辉；微笑的魅力和影响力，甚至足以照亮整个房间。而生气勃勃和闪闪发亮的双眼，也足以让我们的整张脸庞看起来更漂亮。

　　风度迷人也跟姿势和态度有关。如果你意志消沉，就会显得阴郁和沮丧，这既无法吸引人，也会影响你的仪表。

　　你走路或与他人握手时应该保持笔挺，充满自信和骄傲。你表现出的一切都应该是积极地、精神抖擞、开朗、快乐，以及充满自信，这就是迷人的风度。你打扮得完美无瑕、衣着品味高尚、作风温文儒雅，你的所有行为举止都散发光彩而且出众，这就是吸引力。

　　你不会：

　　●无精打采；

　　●垂头丧气；

●邋邋遢遢。

你会：

●对所有被认为缺乏吸引力的事情做出改进——如疣、口臭、难看的牙齿、视力不佳（千万不要眯着眼睛看人，赶快去配上合适的眼镜！）。

21. 保持镇定

　　工作中无论遇到什么事情，都应该泰然处之。不管任何时候和任何理由，不要穿上化装舞会的服装；也不要因为任何事或任何人，改变你无懈可击的风格。你要与办公室内所有愚蠢的举动保持距离，你可能会因为这样让别人觉得你矜持、傲慢、自以为是，但是如果你是一位法则践行者，谁会在意这些呢？最重要的是，这样可以让你看起来镇定自若。别管什么年度主题，也没有必要办成猫王或仙女。不管何时，始终保持温文儒雅和专业圆融的形象。

　　正视现实，你出现在办公室是为了工作，而这也是公司付你薪水的原因。公司绝不是找你来扮傻瓜，所以只要你在工作岗位上——就要把事情做好——至于你想如何做，则由你全权决定。你可以选择参加办公室的所有交际活动，或保持一定的距离，当个旁观者。这样会让你和同事之间的关系保持一定的距离，但从另一方面来看，距离你成为他们的主管却因此又迈进了一步。

这种说法并不代表你不能和同事说说笑笑，一起开心，只要不过分友好或私交甚密即可；但如果你的职位在他们之上，或许要如何都可以。如果你即将成为他们的上司，那和他们保持适当的距离是值得的，而你必须够冷静才能做到这点。

如果你不知道镇定的涵意是什么，那么请利用电脑的辞典，打上"镇定"这个词，搜寻其反义字，你可以找到：激动、兴奋、古板等词汇。就激动而言，想一下满是手汗的手——不够震惊；就兴奋而言，想一下圣诞节的小朋友——很可爱，但不够镇静；就古板而言，想一下厚实的羊毛衫——很温暖，但不够镇静。

所以我们想要的是：

●不激动——想一下不流汗；

●不兴奋——想一下不恐慌；

●不古板——这和时尚流行迥然不同，这不受时空限制，当然，也和古板决然不同。

镇定自若的人必然一派轻松，凡事胜券在握的样子。危机发生时，他们不会惊慌失措，而是镇定的执行安全程序，顺畅的处理所有突发状况。因为他们保持镇定，所以能保持理智和冷静。永恒不变的是，总是会有这种人存在，当大家遭遇困难时会转向他们寻求救援。如果你是主管，绝不想要一个遇到状况就会惊慌的人，而是想要一个沉着、冷静和镇定的人共事。

不管何时，始终保持温文儒雅和专业圆融的形象。

22. 言谈得体

　　言谈得体代表什么意思呢？我是在建议你像主播一样字正腔圆地说话吗？当然不是，你可以保留原有的口音，这并不是问题所在。我们为什么要说话？是为了沟通和传达信息——所以重点不在怎么说、用什么口音说。言谈得体代表我们能够清楚有效地传递信息。你怎么说一点都不重要，但你是否清楚表达就事关重大。一定要清楚地表达自己的意思，你在说话时，不要：

　　●用语含糊不明——很显然，你这样说话会使别人无法听到或听懂你的意思；

　　●说得太慢或太快——同样的理由，他们会听不到而抓不住话意；

　　●用艰涩难懂的术语——这极不明智，好像刻意把别人排挤在你的部门或专业领域之外；

●带有某种姿态，表明你属于某一组织或社会阶层——例如：年轻人（使用最流行与时髦的俚语），或政治狂热分子（任何激进的事、为了意识形态而濒临疯狂），或太明显被归属在某种阶级（上流社会、极端本土化）；

●表达错误——举一个不善于言语表达的英文例子——本来你想表达的是"fewer"却误用"less"来形容。如果你不知道这两字的用法有何差异，不妨拿起英文文法书研读，好好比较一下并且谨记在心。不要每次说话都穿插过简的口语，例如："知道"或"喜欢"诸如此类的话语。要完整陈述整句句子。

想言语表达得体，有四个关键必须牢记：

●清晰嘹亮；

●表达清楚；

●和蔼可亲；

●语调温和。

这都是你必须知道的。如果你能掌握以上这四个要点，就不会出差错，别人也会记住你所说的话，同时对你表达清楚、清晰嘹亮的声音印象深刻。善于言语的表达可以产生影响力，如果你无精打采，并且含糊不清地说着自己的名字，别人会以为你缺乏自信、局促不安和缺乏幽默感——很快把你置诸脑后，转头就忘掉你。反之，如果你精神饱满、充满自信，清晰且肯定地说出自己的名字，别人会认为你知道自己未来的方向、知道自己是谁，以及寻求的目标是什么——因而对你印象深刻。简而言之——就是直接说出你想说的话，勿拖泥带水。

言谈得体代表我们能够清楚有效地传递信息。

23. 书写工整

书写不外乎有两个目的：给别人看或给自己看。给自己看的书写，写得如何并不重要，可以信笔涂鸦、随手乱记，或像五岁小孩的字也没有关系，只要没人看到就好。但如果你是写给别人看的，那你的书写就是极其重要了。

别人会依据下列事项对你加以判断：

●你写了什么；

●你的字体看上去如何。

书写的字体优不优美，会直接影响你给人的印象，如果你的字体工整有致，别人看到也会肃然起敬，觉得你一定学富五车，饱读诗书。或许你会说，现在已不用手写，都用打字。那好吧，我们就来看你的打字，你是用哪一种字体？为什么要用这种字体？字号多大？为什么？而且你一定会有机会在文件上签名——那就是在书写。你的签名也像其他事情一样，会被人评价。曾经有人告诉我，说我的签名看起来就像个有钱人的签名，这很好，虽然与事实不符，但却表现出我逐步迈向我想要的富有形象。我对签名的最后一点见解是：在签上大名时——要大大的字体，并签个有个性的名字，这样就是大人物的表现。

如果你是写给别人看的，那你的书写就是极其重要了。

如果你经常用纸笔书写，那么一定要注意：

● 笔迹清楚——不要过于潦草，一定要让每个人都可以看得懂——否则写字就没有任何意义，如果知道自己的笔迹东倒西歪、潦草零乱，就得勤加练习；

● 整齐干净——不要忽左忽右，所有线条都保持一致，看起来井然有序；

●属于自己的格调——培养属于自己的笔迹个性；

●字体稳重——书写刚劲有力，字体可以稍微有所连贯；

●一致性——全篇文章，从第一个字到最后一个字，看起来都字体大小如一、前后统一。

看一下你写字的间距和倾斜度。你可能不知道书写时——或签署或书写任何文件——如果你写的字会向右下倾斜，可能代表你是个容易沮丧的人，向上倾斜则表示你是个乐观的人；字与字之间间距太大且忽大忽小，你可能是个做事不缜密的人。

确保自己不会错字连篇，以及文法都适当——当然，情报用于除外。

如果你经常用电脑打字，英文请选用 Times New Roman 或 Arial 字体，中文则建议采用细明体或宋体、楷体，字级用 12 级，也可以运用斜体、粗体或画底线作变化。但不要通篇文字都是斜体或画满底线，也千万不要混合多种字号或字体——这会表示你有不安定、不成熟的人格特点。而你却认为这样很有趣！

你知道未来要何去何从吗？如果不知道，很有可能你哪里都到不了，未来对你而言也是遥不可及。聪明的法则践行者，清楚地知道他们前往的方向。他们会制订计划，描绘他们想要到达的目标——半年度计划、年度计划，以及五年计划。他们已经制订好他们的计划，也知道要如何行动。你也应该如此。法则实践者会保持弹性，根据环境的变化而随时修正他们的计划。他们能做到随机应变而不墨守成规。

第三部分
制订计划

24. 明确长期目标

你生活的目标是什么？你不知道？还是想都没想过？大多数人都没想过，这也是他们失败的原因。如果你没有制订任何明确的计划，当挫折来临时便会轻言放弃，无法坚持到底，最终你的生活就会漫无目的，随波逐流——人生变得毫无意义，只在一个窄小的漩涡中打转，变得十分悲哀。但法则实践者会制订计划——长期和短期的人生规划。

长期计划可以非常简单——取得某种资格、职位升职、成为高层主管、退休、死亡。我们可从这些计划中提醒自己和获得帮助。如果你打算展开一个清晰的职业生涯规划，那么在你所选定的企业中，制定一个行动计划是必要的。当然，你也必须考虑到"非预期"和"意料之外"的情况，而精明的法则实践者总会事先看到征兆，再加以判断，然后提前调整他们的长期计划。最近常有人问我："谁能够预知公司何时会裁员？"答案是任何有大脑、懂得观察自己公司趋势的人都知道。

所以，研究你所选择的企业，并且找出你想获得的位置和前进步骤。拟定出你必须通过哪些阶段以及要如何通过——一般不会超过四步——初阶、中层、高层、总裁（除非你想要取得那个职位，否则不要把它纳进计划中）拟定出在每个职位上你想获得什么——经验、责任、新的技能，还是增进领导力。此时你会发现，"增加收入"已不再是你唯一的考虑——如果你是个法则实践者，增加收入只是一个必然的结果。

拟定出你要如何达到每一个职位，可能是转调到另一个部门、外派到各地的分公司，也有可能成为伙伴关系、受邀加入董事会，或跳槽到另一家公司，诸如此类。一旦你知道如何达到每一个职位的方法后，就有清楚的目标，不再漫无目的，你这时需要的是花心思思考如何达成。

你的行动计划必须有个终点——就是最终目标。有可能是你一辈子想完成的人生最高境界——比如国家首相、首席总裁，还是成为世界上最富有的人。不管如何，这些都是梦想，它可以犹如天马行空般不受限制。如果你对自己的梦想自我设限，那你最终获得的可能不是最好、最完美的，甚至比应得的还少。啊！你会说我们都要现实点。是的，就是这样，要现实一点，脚踏实地。但法则实践者的梦想是没有极限的，也不会满足于当下，会不时要求迈向更高峰。

如果你没有制订任何明确的计划，当挫折来临时便会轻言放弃，无法坚持到底，最终你的生活就会漫无目的，随波逐流。

25. 明确短期计划

短期计划有多短呢？这完全要靠自己衡量。我手上就有三个短期计划在同时进行——当月的、当年的，以及五年内的计划。这些计划提供我充分的信息，让我可以妥善安排我的工作负荷。这些计划可以让我作短期活动安排，例如假期、家庭聚会，也可以根据诸如孩子的学校活动、生日派对、园艺和房子修缮、圣诞节等而作出变更。

●你当月的短期计划应该清楚列出一个月的工作事项——完成期限、优先事项、例行工作等。这是要确实执行完成的工作；

●你的当年计划应包含诸如构思中的、计划好的、可以予以实现的工作项目。这些工作项目应着重计划，而不是执行；

●你的五年计划应该包含想法、梦想、目标、期许、期望等。这些项目是你计划终有一天要加以实现的。

　　长期计划则是一个生涯规划的路径，而五年计划应被纳入其中。长期计划中每一个必须完成的步骤都要纳入五年计划之内。

　　我建议把这三个短期计划分开记录。我把"当月计划"放在书桌的记事板上，是一张清单，每个栏位都清楚标示完成期限、待回电话和该做的事情，我认为它有点像日历，但不是备忘录、日历或工作日程。这部分你也可以利用电脑中 Outlook 的记事本功能。

　　我把"当年计划"挂在墙上。它不是挂在墙上的年度计划表，和"当月计划"相同是一张画有十二个空白栏的纸，每个栏位应填上当月份想做的事情；是我想做，而非我应该做的，它是短期计划，而不是待办事项的清单、工作日历或日程表。如果我是一个自由作家，没有人会催促我的工作进度，我必须自动自发地工作。这种工作——我必须在一个月内完成部分进度，也是产生一年计划的基础——我的面包和黄油来源。这同时组成了我想做的事项和我必须做的事项。我必须做的事项如同提供温饱的面包，而我想做的事项就像面包上的奶油——本书就是这样产生的，过程充满了乐趣。我的五年计划是生涯规划的方向——记录未来五年里我想要从事哪一种工作呢？短期计划应该包含你必须做的工作，但大体上会比较接近你想要做的工作。时间越短的计划，看起来就越像工作日程表，而非一份梦想清单。

　　所有计划应包含可行的实施步骤，并能落到实处，否则计划就不能称为计划，不过是不明确的想法罢了。

　　不管制定任何计划，你都必须考虑到意外发生的可能。例如，上司打电话来交办一件事情，这绝不在计划之内，但你却无法拒绝，所以你必须随机应变。

**　　所有计划应包含可行的实施步骤，并能落到实处。**

26. 钻研升职机制

当你开始走上职业生涯，一开始你会站在一个较低的起跑点，用既敬爱又畏惧的目光，仰望着高不可攀的老板、经理和总经理。随着时光的流逝，总有一天你会成长并获得经验，凭借自己的实力往上攀升。你也可以以自己的方式开始自己的人生规划，就是自行创业，对大多数人而言，人生不外如此。而自以为聪明的人往往会抄往上爬的捷径，可是经常会走偏路线，甚至停留在他们自觉舒适或愉悦的位置上止步不前，人生也落入终点，这令人觉得悲哀。如果你是一个法则实践的坚持者，我相信在职业生涯旅途中，你不会随遇而安。

法则实践者绝不会选择捷径，或对自己要实现的目标模糊不清。你会进行安排，了解升职机制，并加以运用。你清楚知道从 A 点到 B 点必须实施的步骤，甚至知道要爬到 Z 点的方法，都有所掌握。

　　如果你已经选了某家企业，并想在这个企业立足和谋生，就必须钻研它的升职机制。凭空等待事情出现转机，或期待命运之神拉你一把助你往上攀升，这些想法过于不切实际。你必须抓住每一天，自己创造幸运的机会。你必须切实知道如何避开所有的障碍，让自己在升职机制内得到提升。

　　所以，你了解你企业内的升职机制吗？对升职机制作过一番探讨吗？对企业内事业有成的前辈，你要知道他们为什么会成功。如果苦无机遇，你只能期待运气好一点，让自己有所进展，这也许有可能让你得到想要的晋升，但这种机会可遇不可求，既不能预期也不可靠——如同期待中大乐透而成为富翁，可以提早退休一样，这样的美梦有可能发生，但机会渺茫。

　　绘制升职计划表：

　　●往上看，在公司内你可以获得的最高职位（或你的期许和能力所及的最高职位，这两者应属同一件事——把它们标示下来）；

　　●现在往下看——最低的职位——把它们标示下来；

　　●现在列出最高和最低之间的所有职位；

　　●标示出自己目前的位置；

●最后，列举出达成你的目标所需的步骤。

现在你已经拥有自己的升职计划表，你可以在自己完成计划的一步后就删除一步。

或许你可能喜欢自己创业，梦想成为企业家，而非在企业体制内寻求升职，但这种绘制升职计划表的原则仍然可以适用。

当你打算创业，也要看你的所有技能/经验等，这是要成功必须完成的步骤。紧接着，你要达成目标所必须完成的事项也要考虑进来——未来要如何前进、需要学习什么或需要钻研什么。你可以把这些事项纳入长期计划或五年计划。

你必须抓住每一天，自己创造幸运的机会。

27. 制定行动守则

在工作中制定行动守则，有点类似演员选择想要扮演的角色，并且熟悉剧本。制定行动守则会塑造出你未来想成为什么样的人。没有人愿意当一名失败者，但事实上，很多人最终会成为失败者。别让这种悲剧发生在你身上，只要你积极进取，并且制定行动守则，就不会发生这种事。

你的行动守则有点像个人的使命宣言，它和目标设定并不相同，目标设定是你要决定在行动守则里扮演什么角色，并找到定位。

所以，你将成为哪一种人？成功者？失败者？中途放弃的人？跌倒后，再重新站起来，轻拍身上的灰尘，再重新出发的人？明智的生涯策略家？一个失去所有的人？还是以上这些都不是？

那么，你要成为什么样的人呢？是铁石心肠、让人讨厌、残酷无情，还是会恶意报复的人，让我们假设你不是——作为一个法则实践者，绝不会有这些习性。你的行动守则应该包含你的人格特点以及在你的行动中要扮演什么角色——我要获得成功，但我会保持正派的品性。

　　尽管制定行动守则是要达到想要职位的主要工具，但只有少数人会坐下来认真地进行这项练习，因为它看起来太简单。如果有更多人懂得制定行动守则，他们的结局就不会成为傻瓜、办公室的讨厌鬼、说三道四的是非者，或和同事一起共事时成为令人感到害怕的冷血者。如果我们可以坐下来，并且写下我们的行动守则——然后作为日常行动的指引——最后的结果，我们都可以变得更好。当你和周围的人相处时，你会尽最大的努力成为令人感到愉快、友善、乐于助人、好伙伴、仁慈、诚实的人，这不会带来任何的坏处。有谁会坐下来并写下："我要成为一个冷酷无情、陷害别人，没有人喜欢，而且会设法让自己不受欢迎的人"？是的，没有人会写下这种东西但我们都有和这种人相处的经验，他们的行为就和行动守则所描述的如出一辙。是的，他们或许很成功，身居高位，但他们踩着别人往上爬，晚上能睡得安稳吗？他们能接受自己成为这样的人吗？

有一位和我共过事的经理，他就做到令人厌恶的境界。每天一早，当他穿越走廊回到自己的办公室时，看到部下便尽可能地加以训斥，回到办公室后会跷起二郎腿喝上半小时的咖啡，然后又跑出来，但他的态度会 180 度大转变，会慈眉善目地对待每一个人，他的角色可谓亦正亦邪。当我问他为什么要这么做，他得意地说："这样可以让部下保持警觉，因为他们猜不透我的心态。"大家都不喜欢他，他的部下甚至感到畏惧，也不会赢得同僚的尊重。这会是个好的行动守则吗？绝对不是，这是糟糕的行动策略。

没有人愿意当一名失败者，但事实上，很多人最终会成为失败者。

28. 设定目标

目标是对任务简单的一句陈述，而且可以落实到人生中的每一天。如果没有设定目标，成功和升职几乎是不可能的事。

目标是要找出你工作方法的关键、重要性和要素。如果你要去参加一场会议，事实上，并没有人喜欢开会，因为会议都是冗长、无聊、毫无效率的，会议的结果也适得其反——一场无止尽的吵闹和争辩。假设你事先知道会计部的斯蒂芬会列席，并打算把矛头对准你，企图跟你争辩，让你感到难堪，通常他都是靠这一招。你知道在这个会议上，你最后会偏离主题去讨论公司迁址斯温德的问题，因为这个议题与议程无关；你也知道必须停止讨论展位的预算，因为展览在6个月后才会举行，更何况，今年是否在 NEC 设立展位尚未有最终的定案。所以，要设定一个目标，如：

"在会议中，我只讨论我知道且相关的事项，不管斯蒂芬如何挑衅，我不会落入他的圈套。"

很好，就这样坚持下去。

如果你必须对新大楼前面要种植什么花草，向财务委员会提出一份预算报告，但你知道财务委员会可能会在不相关的议题上讨论，浪费时间，例如：种植法国菊好，还是种植适合湿地生长的金凤花比较好？而你必须做的是针对所有的花苗成本、园艺设备，以及为花朵未能在春天及时开花制定其他替代方案和计算成本。所以，要设定一个目标，如：

"我会递交我的报告，一旦会议作出结论，我会找个借口先行离开。如果委员会要我继续参与讨论和报告不相关事项，我会断然拒绝和坚持先行离开。"

很好，就这样坚持下去。

在职场上，任何领域都可以设定一个目标。设定目标只需短短几秒钟，但却可以帮助你找出重点：

● 发生了什么问题；

● 解决问题的方案；

●纠正问题所需采取的行动；

●避免问题再度发生的方法。

如果没有设定目标，成功和升职几乎是不可能的事。

29. 知道自己的工作角色

你在工作中的角色是什么？我知道你有一份工作，你在承担某种职责，按照标准作业程序履行着某些任务，但在过程中，你扮演着什么角色？这有点像制定行动守则，行动守则描绘出你将会成为哪一类型的工作人员，也就是你将要扮演的角色的促进者。你要当一个"点子王"？仲裁者？协调者？公关？责任承揽者？或操纵者？基本上，你所扮演的角色是符合团队需求的——是的，不管是现在还是未来，我们都是团队的一分子，我们必须融入团队。

梅雷迪斯·贝尔宾博士耗费 20 年时间钻研团队运作的特点，目的是为了增强团队的力量，他明确提出团队的 9 种角色：

●创新者（the Plant）——思想的启蒙者；他们启发新的想法；提供问题解决方案；他们的思考方式截然不同，富于想象和思考缜密；

●资源调查者（the Resource Investigator）——具有创造力：他们喜欢接受和执行新想法；个性外向，受人欢迎；

●协调者（the Coordinator）——他们纪律观念和控制能力强；把焦点集中在目标之上；有能力组织团队使其一致；

●塑造者（the Shaper）——他们有高度的成就导向；喜欢迎接挑战，而且取得成果；

●监控评估者（the Monitor Evaluator）——他们善于分析，懂得权衡轻重并达到均衡，他们处事冷静、超然公正，是讲求实际的思想者；

●写作者（the Team Worker）——他们乐于相互支援和共同合作；他们善于交际，凡事均以团队利益为优先；

●执行者（the Implementer）——他们拥有良好的组织运作技巧；善于展现他们的技能；他们喜欢完成工作；

●完成者（the Completer）——他们会仔细检查细节；工作井然有序，勤勤恳恳；

●专家（the Specialist）——他们专心致力于学习专业技能；专

业能力超强；有十足的干劲和奉献精神。

　　而你是属于哪一种类型的人？在团队的运作中扮演哪一种角色？你喜欢现在所扮演的角色吗？你能改变它吗？

　　你所扮演的角色是符合团队需求的——是的，不管是现在还是未来，我们都是团队的一分子，我们必须融入团队。

30. 知道自己的长处和短处

　　如果你想成为一个法则实践者，你必须客观公正地了解自己。大多数人都做不到，他们无法保持客观，把探照灯打在自己身上，如同别人看待我们的目光一样自我审视。这种自我审视不仅反映出别人如何看待我们，也显示出我们如何看待自己。我们在内心深处都会自我想象——我们的长相是什么模样？我们说话的声音听上去像什么？什么事情让我们发怒，以及我们如何工作——但这种想象有多贴近实际的状况呢？我认为我工作时充满创意和诸多古怪的想法，然而其他人可能会认为，我是一团混乱且欠缺组织能力。到底哪一个看法更贴近事实？

　　想知道自己的长处和短处，必须先知道你扮演的角色——也就是你工作的方式。我可能把创意视为长处——拥有许多很棒和创新的点

子，但却不曾注意细节，在产生新方案后无法全程参与和执行到底
——确定这是长处吗？不是，如果我是完成者或执行者，这不是长
处，反而是短处。相反的，我的长处应该具备坚持不懈、勤奋、固守
本分、可预测性、一致、稳定、遵守纪律——确定这是短处吗？在对
你的长处和短处作出主观判断之前，必须先知道自己扮演的工作
角色。

　　如果你对自己的长处和短处还有任何疑惑，就如我常说的，先记
录下你对自己长处和短处的想象，再把这张清单拿给不和你一起工作
的好友看，请他们作出客观的评价，然后再展示给和你一起共事的同
事看。两者的评价和真实的你有多大差异呢？我敢保证，落差一定很
大。这是因为朋友间的相处技巧和职场上的共事关系截然不同。

　　本条法则教你如何了解自己的长处和短处，你没必要着急去改变
和消除它们。我们是怎样的人就是怎样的人，我们必须设法和这些特
点和谐共处。你或许缺乏组织能力、不稳定、难以捉摸——这是好还
是坏呢？好与坏，完全取决于你所扮演的角色。俗话说："江山易
改，本性难移"，或许改变你所扮演的角色，以切合你的长处和短
处，就能创造出更好的效果。

　　许多人误以为找出长处和短处，意味着排挤掉不好的本质，只留下好的本质。事实并非如此，这并非治疗，现实世界中没有人是完人，圣贤也是如此，我们都会有各自的弱点。关键秘诀在于学习和弱点共处，而非努力追求成为最完美的人，刻意排除弱点这种目标不切实际，也难以实现。

　　你也可以为你的短处找到更好的着力点——把短处转化为长处，你为什么不这么做呢？好好想想吧。

　　在对你的长处和短处作出主观判断之前，必须先知道自己扮演的工作角色。

31. 辨认关键时刻和事件

眼镜蛇的攻击力超强，毒液剧毒无比，而且精力充沛。但你会经常看到眼镜蛇发动攻击吗？很少吧，因为它们会把攻击力和精力放在：

- 适当的时候；
- 有意义的时候；
- 有好处的时候；
- 能受益的时候；
- 必要的时候；
- 重要时刻。

它们总是处在险境或饥饿时才发动攻击，其余时间，你根本不知道它们藏匿在哪里。它们甚至会伪装自己，让自己看来不像眼镜蛇，

除非有必要，否则它们不会轻易展现两颊旁风帽似的眼镜蛇特征。你
也要变成一只眼镜蛇，除非有必要，否则不要浪费能量和精力随便出
击。因此，你必须明确关键时刻和关键事件——然后奋力出击！

眼镜蛇的关键时刻和关键事件很容易辨认——威胁和饥饿。而你
的是什么？我想并不容易辨认。彻夜未眠只为了做出一份给几个同事
看的报告，但他们对内容通常过目即忘，这种事绝不是你的关键事
件。你要耐心等待，直到要做一份直达部门最高层主管的大报告时，
就需要如同眼镜蛇般发动全面的攻击。

当然，许多人会等待关键时刻的来临——公司的舞会、大型展览
会、贵宾来访——机会终于到来，但他们却弄得一团乱，不是喝醉酒
有失身份和分寸，就是因为病倒或迟到，或没把裤子的拉链拉好，或
穿着紧身衣，却把它塞进灯笼裤里。

那么在面对关键事件时，你的表现又如何呢？一次完美的演示让
人感到印象深刻。如果表现失常，你就容易被遗忘，或让人产生负面
印象。

你不会在关键时刻表现失常，因为你懂得界定关键时刻和关键事
件，并全力以赴，就如同眼镜蛇会在适当时机发动攻击一样。

在不必要的时候，不要使出自己全身的力量，不要
消耗自己所有的精力。

32. 预先评估威胁

在职场上，我们每天都在面临威胁——裁员、精简机构、公司并购、恶意报复的同事、脾气暴躁的主管、新技术、新制度、新的作业程序等，比比皆是。实际上，许多书籍从头到尾都在讨论威胁——威胁大多来自变革——例如：《谁动了我的乳酪》和《如何解决工作中的难题》，如果我们思维敏捷、不墨守成规、处事灵活有弹性、快速采取行动、奋勇前进、努力学习，以及永不言弃，不仅可以在变革中存活，也可以更加出色和接受更高难度的挑战。当然，我们无法全部做到，有时候我们可能会被威胁击倒，让我们喘不过气来，这种情况也经常发生。我们无法摆脱一个事实，当我们的人生成为箭靶时，我们几乎没有时间躲避。

但是威胁就是这样，我们无法躲避，一旦面临，只能选择面对。

当威胁还是一个威胁时，会让人感到恐惧，但不会产生实质的伤害。我们每天都和威胁为伍，并无法一一作出反应，只有少数会带来实质伤害的威胁，才要对它作出反应。但要界定一个威胁是否会带来实质伤害需要具备技巧，这也是一门技能，一种智慧。

如果我们不把威胁当成威胁，反而当成机会，就是我们常说的：危机即转机，威胁反而会对我们有帮助。每一个威胁在造成实质伤害后，就把它视为我们成长、重新适应，以及改变管理和工作方法的机会。如果我们的态度是积极正面的，就不会把威胁想成负面，而是正面的事情——因为它们带来的改变，让我们有机会证明自己的能力。如果我们从不曾接受挑战，绝不会有所长进。

我曾经在一家公司担任经理，后来公司被其他公司并购，新老板带来自己的人马，包含我在内的原来三名经理都被迫"降级"——也是降职。我们别无选择——当然，可以自动离职。这时的我已经是一个法则实践者，我把这次"降级"当成一个挑战，借机向新老板证明我的工作能力不输给他的班底。3 个月后，我又恢复原职。

和我共事的另外两个经理，其中一个自动请辞，另外一个则一直留在降级后的职位。他们两人自从降级后就不断发牢骚和抱怨，他们认为降级是侮辱、贬低和瞧不起他们的行为。这可能是事实，但我不需要为这件事感到沮丧，我要的是恢复原职——继续往上攀升和往前迈进。

每一个威胁在造成实质伤害后，就把它视为使我们成长、重新适应，以及改变管理和工作方法的机会。

33. 寻找机会

我知道，我曾经说过在工作中我们必须制订计划——长期计划和短期计划——但遇到特殊机会来临，就该把计划都丢出窗外，把握当下的机会。我有个朋友，按照他制定的升职计划，他并没有升得特别快，但有一天，他发现他和公司的总裁搭乘同一列火车，而且就坐在他的隔壁。这就是一个机会，他可能会表现失常，让自己看起来像个傻瓜，或因为不知所措和紧张而错失这个大好机会。但这种情形并没有发生，他表现得非常完美。他和总裁闲话家常，并在话中显示出对总裁的敬意，他表现出对公司的历史沿革、使命和整体目标的充分掌握；展现出率真、理智和谈吐优雅的形象；他表达清楚且具有条理；最重要的是，他并不会自夸自己的优点——知道什么时候该闭嘴；什么时候该退一步。而这件事的确起到作用。事后，总裁告诉他的部门主管，她拥有一个："聪明睿智的年轻人，可以稍加重用。"除了提拔我的朋友以外，她根本没有其他选择。

　　当机会来临，就要紧紧抓住。这种从天而降的幸运，你根本来不及把它排进你的计划里。但当机会来临，你必须：

　　●界定是不是真正的机会；

　　●好好表现；

　　●要保持冷静和温和试着把机会当成一颗球——如果它们朝你迎面而来，你要迅雷不及掩耳地抓住它们。

　　你千万不能：

　　●无法确认这是不是一个机会——机不可失，时不再来；

　　●惊慌失措；

　　●不要过于自以为是；

　　●过于激动，让自己像个傻瓜。

　　试着把机会当成一颗球——如果它们朝你迎面而来，你要迅雷不及掩耳地抓住它们。你根本没有时间可以怀疑、整装以待、权衡正反意见，更不能瞻前顾后。你要不是接住球，要就是让它溜走。

　　花点时间回头看看自己曾经错失了哪些机会——如果同样的机会

再次降临，你的反应会是什么？会采取不一样的行动吗？哪些地方做
得不好需要改进呢？

试着把机会当成一颗球——如果它们朝你迎面而

来，你要迅雷不及掩耳地抓住它们。

34. 终身学习

　　我曾经认识一位小伙子，他家境贫寒，无法完成自己喜欢的专业。14岁辍学后，他一直做客户管理员，后来升任客户经理。在65岁退休时，他认为自己终于能负担起学费了，于是，他开始学习法律，参加培训班。大约70岁时，他成了一名合格的高级律师。如果不考虑一个人的精力问题，我们中又有多少人会持这种终身学习的态度呢？

　　当孩子们在学习新知识时，你可以看出他们学得多么快乐。这种学习知识的快乐不是来自于老师苦口婆心要求的死记硬背，而来自他们在学习过程中得到的鼓舞和激励，否则他们不会觉得学习是一件令人快乐的事。我和你们一样，我们的头脑和儿童时期并无两样。没错，已经长大成人的我们可能损失了一点儿脑细胞，但我们一样可以享受学习的乐趣。如果我们不坚持学习，我们就会僵化顽固、思想迂腐、反应迟钝。如果你不学习，你就不会改变；如果你不改变，你的生活还有什么意义呢？

所以，要把终身学习定为自己明确的目标。我认识一位苏格兰教师，他跟他的同学一样，儿时起就梦想成为一名宇航员。然而，他没有只停留在梦想阶段，而是为实现这个梦想付诸行动。他在日常生活中牢记自己的目标，振奋精神，不断学习和发展能让自己成为航天员方面的能力。

结果，他获得了去位于亚拉巴马州的美国航空火箭中心的奖金。他将要去该中心进行为期一周的太空强化训练。之后，他仍能追逐自己的梦想，把自己获得的太空知识传授给他现在教的学生。这一切的获得，都是源于他视生活为永远不会结束的一堂课。

我们都可以从像他这样的人身上学习。想想儿时什么事情不断地鼓舞你？或者想想能激发你兴趣的新事物。在工作中，学习工作需要的新技能很有价值，无论是学习一种新的语言还是学习运用新的电脑软件。任何形式的学习都会让你视野开阔、获得自由和锻炼，而且让你的工作从中受益。所以，无论什么事激发了你的兴趣，你都要坚持学习——把它定为你的目标，并在不断的学习中更深入地了解它。

如果你不学习，你就不会改变；如果你不改变，你的生活还有什么意义呢？

这部分的法则浅显易懂，但很难落实。我们都喜欢聊是非、发牢骚、在上司的背后说三道四。但是，这部分的法则告诉我们不要这么做。人们在评价你时，依据的是你说了什么，以及说话的态度（参照第二部分的法则），试着学习只说正面的、友善的、值得赞扬的事情，让大家知道你是一个和蔼可亲和乐观积极的人。

第四部分
说不出好话就闭嘴

35. 不说闲话

"你知道吗？在上次公司会议后的星期天早上，有人看到财务部的史蒂夫从营销部的黛比的家里走出来吗？而且他们还被人看到一起在吃午餐，凯西也信誓旦旦说看到他们在电梯里手勾着手。但大家都知道，史蒂夫是有妇之夫，而黛比也已经订婚。你觉得呢？他们会这样继续交往下去吗？"

面对这一连串的问题，你的回答是："这件事，与我何干？"

很好，这件事的确和你一点关系也没有，除非史蒂夫是你的上司，以及他的行为影响了他的工作；或者你刚好是黛比的未婚夫。这个法则是告诉你，不要说三道四，虽然不能说，但你可以竖起耳朵听。你可能会发现有些流言蜚语相当有趣，而且让自己身处状况内，有时也可以对你有所帮助。这个法则真的非常简单——不散播流言；

就是如此，把流言停留在自己身上。你可以在一旁倾听，但不要把流言传出去，或提供意见，这样你看起来就会被当作是"我们的一分子"，而非"八卦团的成员"。你无须一副不认同的样子——只要不把流言从你的嘴巴流传下去。

闲话只会塞进那些无事可做的人的脑袋——他们整天无所事事；闲话也会占据那些做事不用大脑的人——他们做事情根本不作思考。由于无事可做，他们只好整天喋喋不休、闲聊打屁、散播谣言、说长道短、搬弄是非、道听途说来打发内心的空虚。令人心烦的是，如果你不加入他们，会被认为是自命清高或个性孤僻。纵使你不愿意参与他们的话题，也必须看起来像和他们唱和。千万不要傲慢地告诉他们，这种行为是多么的愚蠢。

做事一定要谨慎。不要看起来一副嗤之以鼻的样子——只是你自己不要这么做，要做到只听不说。

这个法则真的非常简单——不散播流言。

36. 不要抱怨

没错，人生不是公平的。有时候同事会推卸责任，最后你得额外增加工作量；上司不事先规划自己的工作，他们不但不能胜任，而且经常自相矛盾；围绕在你身边的白痴都获得升职。有太多工作要做；有太多不合理的机制存在；很多白痴事事阻挠你。这都是实情，生活真难熬啊！

现在，请告诉我不断对上面的例子进行抱怨，会有什么帮助吗？告诉我抱怨能改变什么事实吗？不会，也不能！抱怨是悲哀的人在没有工作可做的情况下，用来打发时间的方法，而且他们常常和喜欢聊八卦的人是同一类人。一旦他们有机会，就会三五成群地聚在一起；当他们一起抱怨完以后，紧接着就会上演一场八卦会议。

抱怨是没有意义的，既徒劳无功，也无法成就任何事情。它只是：

- ●证明你是个白痴、小气鬼、浅薄的人；

- ●让你撇嘴——使你看上去毫无吸引力；

- ●浪费时间；

- ●让你成为其他抱怨者的倾吐对象；

- ●让你的声望沦为毫无业绩或没有用处的人；

- ●使你变得消极，并形成恶性循环。

所以，如果你是一个习惯抱怨的人，你该怎么做？这很简单，不管什么时候，当你不停抱怨的同时，一定要对你正在抱怨的事情提出解决方案。如果你找不到解决方案，就不容许自己再抱怨下去。试着这样做，几个星期以后，你就会自然而然停止抱怨。

抱怨别人都是在背地里进行的。下一次，当你想抱怨某一个人的时候，就跑到他们面前，直接对他们宣泄你的不满，如果他们不在现场，就不要背着他们进行抱怨。这个方法很简单，但很管用。如果你会不停地抱怨，当你的牢骚令办公室的人感到厌烦，人人都会避你唯恐不及，这时候根本没有人想听你的抱怨。如果有些事你不吐不快，就当着他们的面说出来（但请你回到这部分法则的主题——如果说不出好话——就闭嘴）。

抱怨是没有意义的，既徒劳无功，也无法成就任何事情。

37. 懂得替别人说好话

当大家正围坐在一起喝咖啡，突然有人把话题转到了年轻的亚当身上。现在大家都背着亚当，说他一些让人讨厌的事，他没有担当、推卸责任、做事不会全力以赴、偷窃公司的文具、对警卫粗鲁无礼、经常把工作推到别人身上、自己犯错还会指责别人，概括说来，每个人都讨厌他。所以，大家都会在背后抱怨他，对他的行为十分愤慨，并在胸中积压已久，不吐不快。但你不会这么做，噢，其他人可能会，但你例外，就从现在开始。你已成为一个法则实践者，你会站出来替别人说好话。

不管年轻的亚当有多么令人反感，你在谈论他的时候，总会从他身上发现他好的和真诚的一面，并去宣扬他。这就是你的目标，无论如何，找出一些美好的事并把它说出来。

　　刚开始，想做到这种境界可能很困难，但如果坚持下去，说好话就会变得非常容易——这都是习惯和心态上的问题。如果我们让自己习惯抱怨和发牢骚，我们就会这么做，但如果我们改变想法，就可以用更正面的态度去面对——要作出这种改变，刚开始需要花一些心力。

　　不管如何，为别人说好话会为你赢得赞誉：XXX 总能发掘别人好的一面。因此，那些本来是你抱怨的对象都知道你和他们站在一起，为他们奋战和捍卫他们。这样会让你得到无形的拥戴，与那些不受欢迎的团队成员建立关系，成为他们的守护神。

　　这是一种奇怪的关系，但它却可以创造奇迹——这些人会在你危急的时候作出回馈。他们让你知道，如果有人尝试打击你，他们会竭尽所能阻挡这类事情发生，因为他们知道你会在意。如果你需要别人伸出援手，他们全都是最佳人选。

　　你会感到讶异，好话也能快速传千里：你是个大好人——你不会抱怨；不会发牢骚；会为受害者挺身而出；会支援他们，以及你总可以在一颗腐烂的苹果里至少找出一个优点。

　　显然，你要做这种事必须秉持诚恳和真挚——撒谎或捏造事实并不妥当。一开始，如果你找不到任何正面的事为受害者发声，那就闭上嘴巴。但有些好话还是可以派上用场——没有人是完全邪恶、缺德，或令人讨厌的。

　　所以，把话题拉回亚当身上。你会说一些什么？嗯，就当个起步，你可以指出他的咖啡煮得很好，或他一直都很守时，或他善于应付难缠的客户，或他有天生的幽默感，或他对棒球赛事了如指掌，只要一直说："他很好，因为他会……"就可以了。

**　　这样会让你得到无形的拥戴，与那些不受欢迎的团队成员建立关系，成为他们的守护神。**

38. 真诚赞美别人

本条法则的关键是"真诚"。你的赞美不可以油腔滑调、虚伪、肤浅、造作或不诚恳；你的赞美应该要真挚、诚恳、发自内心、不造作和有意义。

有一种人，当他们在赞美别人时总会过于恭维。你应该不想被别人认为你是矫揉造作和假腔假调——很多人在对别人赞美时，看起来就是一副这样的模样——讨人厌或令人浑身起鸡皮疙瘩——但你则希望获得真挚和友善的赞美。

那么，你该怎么赞美他人呢？以及为什么要赞美他人呢？好吧，如果你在称赞别人时展现亲和力，他们心里会对你产生好感——这是办公室一种良好的互动循环。赞美的最好方式是，你的赞美是发自内心的真诚，把事实直接说出来"我真的很喜欢你的新发型"，然后，针对你的赞美，向对方提出一个问题，让被赞美的事物可以得到具体呈现，例如说："是在哪一家美容院烫的?"

"我很喜欢你接待那个顾客的方法，你是怎么想到对他这么说的?"

"我必须说我很喜欢你做的报告，这个点子是怎么想到的?"

试着避免言过其实、夸张虚伪的表现方式。你不是"爱"他们的新外套，顶多是"喜欢"而已。记住，如果你"爱"它，你会想跟它结婚生子。"爱"这种说法对外套、报告、发型或与客户应对的方式是不适当的。

如果你"喜欢"某些事物，就大方地说出来，你可以这样强调你有多喜欢：

● "我真的很喜欢……"；

● "我的确很喜欢……"；

● "我能告诉你我有多喜欢吗?"

但并不一定只能说"喜欢"，尽管"喜欢"是一句很好的开场白。

● "我对你的……印象深刻"；

- "我认为你做得很好……";
- "你做这件事情的方法……真的很棒";
- "听你的演讲,我乐在其中,真的非常特别"。

当你在赞美别人时,要确保别人不会误会你只是信口雌黄,或随意附和着别人赞美的话——赞美最好保持专业或和工作相关。我肯定,在这点上你不需要我再次提醒。

有一种人,当他们在赞美别人时总会过于恭维。

39. 保持快乐和积极乐观的心态

如果你每天清晨都抱着积极乐观的心情去上班，就算你今天会面临压力、麻烦、状况，但对你而言就像鸭子背上的水珠，根本不会产生任何负担。你给人的形象是凡事都在掌控中、事事顺畅、一派轻松、自信满满和成熟稳重。你就吹奏着《明天会更好的》的轻快音符轻快地走向自己的办公桌吧。

任何时候都保持快乐的好心情，纵使窗外下着雨，或是一个天色黯然、令人沮丧的冬日午后。尽管生意萧条，利率再度调高，而主管正怒气冲冲，每个人都不敢抬起头看。不管什么理由，你的笑容都不会从脸上消失。虽然这是一个黑暗的日子，但总会成为过去，明天的太阳又会从东边冉冉升起。不管你的处境有多恶劣，事情总会有转机。

保持快乐和乐观的心态是一种技能。刚开始时，你不必相信自己会拥有这种心态——只管去做。当成演戏也好，假装也罢，就是要做到让自己表现出愉快和乐观的样子。假以时日之后，你会发现，不需要再演，也不用再假装，你会由衷地感到快乐。这是一个小把戏。

你只有戏弄自己而已，没有骗别人，只是在身上注入启动微笑的荷尔蒙，这些荷尔蒙会让你产生更多的美好的感觉。一旦你的感觉变得更好，你就会笑得越多，从而产生更多的荷尔蒙。这些都是源于开头几天，即使你不喜欢也勉强挤出笑容的结果，最后开始形成一个循环，让你一直感觉良好。

一旦大家都认为你是个快乐而且乐观的人，他们会更愿意和你相处——没有什么事可以比快乐的人更具吸引力。

将鲜花放在办公桌上，让你的办公桌明亮起来。口哨、微笑和笑声，但不要让内在的陷阱出卖你，这很容易的。例如，有人跟你说："你好吗？"你却回答说："喔，还可以啦！但我不能抱怨，也不可以发牢骚，只能挣扎求存。"这是一般习惯的陈腔滥调。试着把说话的口气改成："很好！实际上真的很好！一切都很顺利！"这是给你提供的一个回答别人问题的诀窍。

当你以为工作即将完成，就像在黑暗的隧道尽头看见一束微光，这时却有人丢下更多的工作给你，这些工作都是你必须完成——无法逃避和不能拖延。此时，你很容易脱口而出："哦！不，不要再增加我的工作量，你没看到我已经够忙了吗？这超出我的负荷。"如果这些工作是你不可推卸的责任，而且抱怨也改变不了事实，那么不妨试着这么说："好的，请先摆在旁边，待会我就着手处理，谢谢！"不要指责那些人，我相信不是他们故意生出这些额外的工作给你，惹你讨厌，他们可能只是扮演上谕下达的角色而已。这都是你处理额外工作时的阻力，那该怎么办？保持快乐，继续完成工作！花时间抱怨和发牢骚的每一秒，都是虚掷人生；而花在快乐和乐观的每一秒，则是为人生加值。该如何选择，全取决于你。

虽然这是一个黑暗的日子，但总会成为过去，明天的太阳又会从东边冉冉升起。

40. 善于提问

训练提问的目的是要让自己在工作中：

● 受人欢迎；

● 可被提拔；

● 成就自己；

● 一切顺利；

● 提高效率。

要达到以上的目的，最简单的方式就是学习和演练如何提问，以及习惯提问。但要问哪些问题呢？显然这要视情况而定。就以法则38：真诚赞美别人的情况来加以说明，我们会在赞美别人后随即提出问题——"我真的非常喜欢你的演出，你的表现相当镇定，一点都不惊慌，你是怎么办到的？"或——"我喜欢你处理发票的新方法，你是怎么想到这种方法的?"

提问代表你关怀他人、专注其中,且深感兴趣、对问题加以思考、考虑周全、敏锐而且具有创造力。愚蠢的人就不懂提问,不耐烦的人也不懂提问,懒人更不懂提问,而你善于提问吗?

好事的人容易有批评他人的倾向,常会发表声明:"我不喜欢这个想法,根本不切实际。"而法则实践者懂得善于提问,同样一件事,他们的处理手法就会截然不同:"我认为,这个想法还需要搜集更多信息。你认为它可行的依据是什么?这样的配送方式有助于增加订单的数量吗?这样我们需要增加人手支援吗?或许我们都需要回去考虑一下这个主意再仔细拟定,其他人有什么看法吗?"你不必直接说这是个烂点子,但通过你的提问可以让他了解你的看法,而且他们也会认为你是一个好人——因为你没有在众目睽睽下直斥他们,给他们带来难堪。你不但造球给他们接,还提供了下台阶的方法,如果他们选择采用你的建议——回去考虑一下再仔细拟定,背后就意味着这个想法不用再讨论,这不过是一种比较委婉的外交式的说法而已。

善于提问是值得我们实践的好方式,它让你可以表现出对同事的关心。但在提出问题时,你也要表现出真挚、诚恳、有意义的发问,以及心怀善意。

　　"你是在哪里买到这件外套的？你不认为它很不适合你吗？它真的很丑。"如果那件外套真的那么丑，这种发问根本毫无意义。不如问一些工作上的情况："你每次开发票的速度都很快，是怎么做到的？你有什么绝招吗？"

　　如同之前替别人说好话的例子——即使有人令人讨厌到极点，但总能在他们身上发现一些足以令人称道的优点，因为世界上没有人真的一无是处——提问题也是如此。无论什么样的人，总有值得你学习的地方，例如他们的习惯、社交技巧或家庭生活。即使是简单一句："你的小孩还好吧？"也可以起到破冰作用，让别人觉得你容易相处。这样的提问可以开启话匣子，产生愉快的气氛，让大家每天在一起共事时倍感温馨。

　　善于提问是值得我们实践的好方式，它让你可以表现出对同事的关心。

41. 善用"请"和"谢谢"

　　你一定会认为这个法则是再容易、简单不过，根本不用把它列为法则之一。但真的很抱歉，我们所有都必须再被提醒一次，说出"请"和"谢谢"是极其重要的。现代世界的礼貌环境还有待加强。当人们忘了说"请"和"谢谢"时，总会推托是因太忙或疏忽掉，或在被传阅的文件上已经载明"请"和"谢谢"，因此不必无时无刻挂在嘴边。这都是借口，忘记说出"请"和"谢谢"的唯一理由，就是你欠缺礼貌的修养。如果我们忽视人类最基本的礼仪和文明，那就没有资格立足在这个世界上。如果我们不是世界公民，不曾接受足够的教化去感谢别人，或在打扰别人之前不先说声"请"，此时，我们的前途就会就此终止！

　　无论别人一天之中拿多少次东西给你——每一次都应该说声

"谢谢"，绝无任何借口或例外。同样的，不管同样一件事情，你要寻求他人帮助多少次——一定得先说出"请"。如果有人帮了你的忙，不管事情多平常、多琐碎、多举手之劳、多无价值，甚至不需要任何力气，你都要向对方说声"谢谢"。

　　如果你忘记一次，那么就会被人贴上没礼貌、粗鲁，以及讨人厌人的标签。记住，任何时候不要忘记说出"请"和"谢谢"。我曾经和某个经理合作过，他有本事让下属愿意超时工作、牺牲假期和休假、放弃周末和乐意把工作带回家，并且工作认真和卖力。我们都在观察他，想找出为什么他可以，而我们不可以的原因。为什么他可以赢得团队成员的忠诚，而我们不可以。写到这里，我相信答案已经呼之欲出，你一定知道这是因为他常说："请"和"谢谢"。

　　是的，答案就这么简单。简简单单、只言片语的礼貌用语，对有些人却能起很大的作用。我不认为他的下属曾意识到他的这些作为，事实上，只是我们无法一直把它挂在嘴边而已。在我们当中绝大多数人都认为，他们也有说"请"和"谢谢"，但他是每一次都会说，绝无例外。当你在说出和表达"请"和"谢谢"时，记得要真诚，一句真诚和窝心的"谢谢"，可以让人感动很久。此外，"谢谢"也是回应别人对你的恭维和称赞的好方法。

　　如果有人称赞你把某件事做得很好，不用羞着脸或结巴地说："这没什么。"这会弱化他们的心意。最好是简单地说："谢谢！"

　　但是你绝不能用"请"作为幌子，用甜言蜜语去哄骗或诱骗，以便下属接受工作："请你帮这个忙，拜托你！"而应该说："请你帮个忙可以吗？午休时间需要有人去接听电话，我保证你下午会有一点空挡的时间可以休息。"

　　简简单单、只言片语的礼貌用语，对有些人却能起很大的作用。

42. 别骂脏话

我知道我们都骂过脏话，而且你认为骂脏话很酷炫。我明白我们必须与时俱进，要摩登一点，但很抱歉，骂脏话是绝对不被允许的。你可以回到家里或坐在自己车内想说什么说什么，在工作上请不要骂骂咧咧。这是个简单却相当有用的法则，也因为有它的提醒——所以你不会骂脏话。现在，对于骂脏话与否，你的决定和选择是什么呢？答案是：一字脏话也不说。不管身处任何状况，也不会说半句脏话，这就是你的底线。由于你不再骂脏话，所以所有的不好的行为也不会在你身上出现。

但是，如果你每天都需要面对诸多的决策和选择，骂脏话是你日常的习惯，我很怀疑你可以把工作做好。举例来说，你会：

●事情一出错就想骂脏话？

● 在讲电话时"出口成脏"？

● 想在上司面前骂脏话？

● 想在顾客面前骂脏话？

● 想对着顾客骂脏话？

● 只骂某些固定的脏话，而不用其他字眼？

● 用温和的脏话，或使用真正具有攻击性的字眼？

使用粗口骂人是一个雷区，一场噩梦。如果你不说脏话，根本就不会陷入以上的烦恼。这不是道德上的劝说，而是效率的问题。如果你从不说脏话，你就不用思考要不要说脏话，这可以省时省力，更不会被人认为你是个粗俗的人。所以，从现在开始别再说脏话。

你可以回到家里或坐在自己车内想说什么说什么，

在工作上请不要骂骂咧咧。

43. 做一个优秀的倾听者

　　我不是要你提供宽厚的肩膀，让各样各式的人来找你依靠和诉说心声。事实上，这不叫倾听，而是心理治疗。一名优秀的倾听者，不外是让说话者知道他们正在倾听，你可以通过下列事项来做好倾听：

　　●说些鼓励的话——"嗯、继续啊、是的，我正在听。"

　　●以适当的肢体语言予以反馈——把头固定在一侧；不要东张西望，把视线放在说话者身上；不要打哈欠，或心神不宁一直看手表。

　　●复述某些话语，以便让对方知道你有把他们的话记住——"星期五的三点钟；是的，我知道。"

　　●让他们重复一些你听不清楚或听不懂的事情——"关于彼得堡的事，你可以再说一次吗？我不敢确定我是否已完全了解。"

　　●发问——"所以针对格洛斯特的计划暂时不执行了吗？"

●记录重点——当他们在陈述时可以写些东西。

现在，我想问你为什么你想成为一个优秀的倾听者？这个问题很容易回答，因为成为一个优秀的倾听者，你可以获得：

●更多的事实；

●对你必须做的事情有更深入的了解；

●对你周围发生的事情有更多的掌握；

●被认为具有同情心和可以体谅别人；

●被认为是个聪明和精神集中的人；

●被认为是精通工作的人。

如果你不懂得倾听，就不会知道倾听的好处；如果你已经开始倾听，你要确保说话者知道你正在倾听，这是很简单的事。

良好的倾听也是一种技巧和特殊的才能，你必须不断地演练和学习。它不是一朝一夕就能学会或与生俱来。你可以利用无需倾听的时间仔细思考，掌握精髓，把它内化，让自己学会倾听，然后好好聆听别人讲话。

良好的倾听也是一种技巧和特殊的才能，你必须不断地演练和学习。

44. 说有意义的话

要想获得成功和顺利升职，你必须为自己塑造一个良好的形象——聪明、稳重、可靠、沉着、谨言慎行、值得信任，以及经验丰富的人——有时候，这些苦心经营的成果可能会因一句无心的话或一时的轻率，而被破坏殆尽或让你身心交瘁。最近，有一个在影子政府里位居要津的部长刚被解职，原因就是她在俱乐部吃晚餐时，开了一个有关"种族歧视"的笑话，她的职业生涯就因一时的轻率而一落千丈。

你必须看紧舌头，请不要轻易说出：

●不适当的个人评论；

●运用攻击性的笑话或言辞去挑衅任何群体；

●任何形式的性别歧视；

● 施舍恩惠的态度；

● 傲慢自大；

● 脾气失控；

● 贸然说出脏话——参照法则 42；

● 发牢骚、抱怨和说闲话——参照法则 35、36、37；

● 公开说出你对别人私下的看法。

学会少说话是明智的，不要一直口若悬河，因为言多必失。有时候，这些苦心经营的成果，可能会因一句无心的话或一时的轻率，而被破坏殆尽或让你身心交瘁。这可能是聪明的作为。如果你管不住自己的舌头，那说错话的几率就会大大增加。如果你在开口说话之前先仔细想一下或犹豫一下，就有机会咬住你的舌头，不致发生口无遮拦或口不择言的情况。如果你说的话都经过深思熟虑，只说有意义的话，就会为自己赢得明智和稳重的名声。人们会来寻求你的意见和指导，因为他们知道你在说话前，都会仔细掂量，而非喋喋不休或语无伦次。他们会因此信任你，一旦赢得大家的信任，你自然就会成为升职和成功的最佳人选。

确保你所说的话都会对他人产生影响力，而不会消失在办公室的吵闹声中。不要只是说你昨晚在电视上看到什么——说真的，没有人会感兴趣——你宁可保持沉默，直到有重要事项要宣布才开金口。

学会少说话是明智的，不要一直口若悬河，因为言多必失。

或许和你交往的大多数人都是正派而且善良的好人，但总有少数人并非如此。你无法每次都避开他们，他们令人讨厌、满怀妒忌，他们一有机会就会在暗地里诽谤、中伤你，或想把你拉下来。他们也会抓住任何的时机，对你强攻猛打，想把你击倒。你要确保你的新形象不会沦为他们的箭靶。

这部分法则是教导你如何减少树敌，同时保持领先他人一步。你越成功就是会引来越多的嫉妒。通过实践这部分法则，你可以避免这些麻烦，并且保护自己，特别是不让自己背后受袭。

第五部分
保护自己

45. 熟知公司伦理

你靠什么生存？我不是在问你从事什么工作，而是问你对社会做了哪些贡献？你的贡献是正面、有帮助和健康的吗？还是有害、负面、具有破坏性的呢？你公司从事的是什么？你又负责哪一部分？是否想过公司伦理是什么？

我们所说的公司伦理是什么意思？伦理是指公司的道德价值——正确和错误、好的和坏的典范。你的公司在做好事，还是坏事呢？它在制造伤害，还是治疗创痛？它是把正面积极的价值观传递到社会，还是仅从社会上攫取利益？

如果你根据以上的说明，知道你的公司恶名昭彰，也无须立即辞职。你可以就你能力所及，从内部开始发动改变。虽然环保是我们十分关心的议题，但我并不想在此谈及，相反的，我希望你把焦点专注在公司的道德上。

很显然，如果你确定公司的运作手法不正当——如果是我，我会选择离职——你不要选择与它共存亡，所以必须离开这家公司。这是个好的因果循环，即使你可能会有暂时性的经济损失，但最终会得到回报。

在你的公司，总是会有好的和不好的方面。偶尔，你会被要求跨越应有的界线去做那些不好的事，显而易见的，你必须阅读法则 47：设定个人标准。但现在这个法则却是帮助你制定公司整体而非个人标准。基于道德和伦理，如果公司要求你去做有违道德的事，你必须明白指出，并试着说："如果媒体知道这件事，会有什么评论？"然后，自行拟出一个适当的标题："××企业解雇大量员工，用廉价劳动力替代"。

是的，这种工作你可以直接断然拒绝，但你可能会因而被贴上懦弱无能、不敢做坏事的标签——没有胆量、缺乏勇气等。不，你必须指出这种事对公司的利害得失，你必须扮演一个警告者的角色——"社会大众会有什么反应？"当你要打道德牌时，你同时既是公司成员也是社会大众的一分子。

为了要做到这一点，你必须知道你公司的企业伦理，而且了解公司对社会的贡献。那么现在就开始着手了解吧！

你的公司在做好事，还是坏事呢？它在制造伤害，还是治疗创痛？

46. 了解公司是否合乎法规

你的公司有违法行为吗？你在工作中从事违法活动吗？你知道你公司是否合乎法规吗？

我曾经在一家公司工作，起初公司的董事会经营正派，他们为自己制定的标准感到自豪，创下业界的先例。但是几年后，他们突然间开始弃善从恶。这种改变是异乎寻常的，我也看不出为什么会发生这种事，董事会成员既没有进行大幅改组，经营环境也没有陷入困境——我们仍有获利，公司并非处在存亡之秋。但一瞬间，我们违法了——我指的是确实的法律，我发现我竟在一家从事欺诈和贪污腐败的公司工作。我该怎么办呢？一开始，我试着睁一只眼、闭一只眼，只是最后我也被要求要加入非法勾当，这时，为了维护荣誉和名声，我选择辞职，并到竞争对手公司上班。有一次，我被问到有关老东家的情形，以及它们如何经营和维持成长，我的做法是，不提供任何可以让新公司从老东家身上获利的信息。我不知道为什么，但这似乎也是伦理的一部分。我乐于谈论老东家的经营模式，仅只于此，不会说出半句他们触犯法律的事。

几年后，我发现我目前的公司并购了那家违法经营的公司。昔日的经营团队按理说应该早就被逮捕和接受惩罚，但他们仍逍遥法外。我会再为他们工作吗？没有特别想。因为以前的一个高层主管曾经对我说过，他很高兴可以和我共事——"至少，你知道什么该说，什么不该说。"对我而言，他似乎本性难移，所以那时候我选择离开。

你所属的行业有多干净？你的公司呢？你必须知道你被要求去做的事情哪些是合法、哪些是不合法。有些产业的法律规范多如牛毛，简直令人难以置信。如果你没有深入了解，说不定有误触的可能。作为法则实践者，你必须清楚了解行业法规，不但要保持洁身，还要懂得自爱，你不容许自己成为任何违法事情的替罪羔羊。如果他们想找一个好蒙骗的人，要确保那绝不是你，要确保你是站在正义的一边，不要误蹈法网而误入歧途。

如果你想违法则另当别论，但后果可能不堪设想，如果最后因而入狱，这都是你当初始料未及的。此时，最好别犯傻，清清白白做人——"但我不知道"从来就不是一句有效的辩护词。

作为法则实践者，你必须清楚了解行业法规，不但要保持洁身，还要懂得自爱。

47. 制定个人标准

你晚上能高枕入眠吗？我知道我能，因为我为自己制定了一些绝不会打破的个人标准：

- ●在追求职业生涯发展时，不会故意去伤害或阻碍别人；
- ●在发展我的职业生涯时，不会故意触犯任何法律；
- ●无论做任何事，我拥有一个必须遵守的道德规范；
- ●不管从事什么工作，我会努力为社会做出贡献；
- ●我不会做出任何在孩子们面前难以启齿的事情；
- ●什么时候，我都以家庭为重；
- ●我不会在晚上加班或周末工作，除非事关紧要，而且我会和伴侣事先商量；
- ●在我找新工作时，我不会设下陷阱，陷他人于不义；

●我会尽力把用完的东西放回原处；

●我会毫无保留地把所有技能、知识或经验传承给公司任何愿意运用这些信息的人，让他们可以因而获益——我不会独占资源；

●公司内其他人获得成功我不会忌妒；

●不管做什么，我都会考虑是否会产生长远的影响；

●每时每刻我都在实践法则。

以上的行为规范，是我针对我个人所定下的标准，可能并不适合你。或许你需要或已经拥有一套更好的标准，但我衷心希望你不会制定一套更糟糕、更低的标准。不管何时何地，我们必须竭尽所能，成为一个优秀和卓越的人。

不管何时何地，我们必须竭尽所能，成为一个优秀和卓越的人。

48. 绝不说谎

这个法则和法则 42 一样简单，它设定一个你无须设想太多的底线。绝不说谎的意思就是——永不说谎，在任何境况下都不说谎。一旦你赢得绝不说谎的名声，就不会有人要求你说谎来包庇某些人或某些事。

如果你决定为了生计而说谎话，你便需要开始进行诸多的取舍和判断，你说谎的底线在哪里？只说小谎吗？还是得扯弥天大谎？你靠谎话来拯救自己吗？还是用谎话来搭救别人？你为公司而说谎吗？还是为了上司？你的同事？当第一个谎言即将被揭穿时，你会再说另一个谎来圆第一个谎吗？谎言的终点在哪里？你会把其他人牵扯进你的谎言？还是只有你一人在说谎？

你能看出其中的问题吗？如果你拥有一个简单的法则——绝不说

谎——你就无须多作思考、不用取舍与判断、没有替代方案、没得挑选，也没有优先顺序的考虑，这是个提醒你不要说谎的法则。

不说谎也可以让你受益无穷——它可以使你免于犯罪、恐惧或遭受指控，而且你不必时刻想着曾说过的谎话，不用一直提心吊胆被惩罚、解雇，也不会感到羞愧或被同事排斥，或把你的家庭推向灾难，更不用担心被揭发犯罪，以及晚上睡不安稳。

你是被允许适当夸大你的能力、技巧和专长——只要不是真的说谎。

对你的人生和职业生涯而言，绝不说谎是一个最简单、最清白，以及最诚实的方法。

当然，你可以给自己的简历、工作经验或工作热情添枝加叶，但请别真的说谎——我敢保证，谎言终会被拆穿。

如果打算交给出版商一本书请求出版，他们一定会问我对这本书的意见和看法，我不会说："我认为这本书很棒！"我会说："这本书真的非常优秀，销量一定会很好，可能是我们能找到最畅销的一本书。"这是在说谎吗？当然不是，如果我不认为它是如此优秀，就不会把它写出来。它会卖得很好吗？有可能。谁知道它不会成为畅销书？市场本来就是变化莫测！说它会卖得好是一句谎言吗？不是。

你可以适当夸大你的能力、技巧和专长——只要不是真的说谎。不论任何形式的谎言，都可以被证明是一种错误。你说你对软件的熟悉度犹如一个软件设计者，但事实却不然，这便是个谎言；但如果你说你是个软件高手则不是谎言，因为"高手"是观感的问题而非事实的陈述。但如果你对此存有疑虑——如果你无法快速反应，就绝不应说谎或加以夸饰。

你可以适当夸大你的能力、技巧和专长——只要不是真的说谎。

49. 绝不包庇任何人

　　作为一个法则实践者，意味着你的目标是追求完美，你为自己设定了最高的个人标准，而其他人则不会为自己设定这种标准——显然也因为如此，他们并不会像你一样成功——但他们有可能会试着把你拉下来，或把你带进他们的诡计中。遇到这种情况该怎么办呢？你可以再一次轻松地运用一种简单的提醒功能——不管任何状况，绝不包庇任何人、任何事。

　　这事做起来非常简单，你不用考虑太多，既没得选择，也无需作出任何决定。你很清楚自己的立场，也要让你的同事明确知道你的立场，也要让你的上司知道你绝不包庇任何人，因此，你不受怀疑、值得信赖、稳重可靠和完美无瑕。

　　如果你决定包庇别人，那么你的生活就会变得相当复杂，真的不值得这么做。举例来说，你是否会因要好的同事/任何人的要求包庇他们？你只帮忙包庇小事，还是大事情？包庇欺诈？对犯罪视若无睹？当真相被揭发，你会如何辩解？当你因而被开除时，对你的家人又该如何解释？

当你的朋友也是要好的同事开口请你包庇他们，你会怎么处理？你可以断然拒绝他们，并简单地说："十分抱歉！不行。"——无须多作解释。你也可以委婉地说："请你不要找我，如果你找我，我也会拒绝。"给他们一个台阶下，以顾全他们的颜面。

一旦你这么做了，那么想建立起不包庇任何人的名声就显得容易多了。最困难的一点就是，当有人请你包庇他们，伴随而来的是你要漠视人情压力。事实上，要漠视这种情感很容易，因为他们要求你包庇他们，却没有为你设想，既然如此，对这些混蛋，你为什么不能拒绝他们呢？不然他们会把你当作傻瓜，经常运用类似的方法请你包庇他们。

如果他们对你施加压力，继续死缠烂打，你只需要不断地说："不行，我不能，请别再找我……"他们就会在你面前悻然而去。一定要记住，真正的朋友绝不会要求你包庇他们。

如果你决定包庇别人，那么你的生活就会变得相当复杂，真的不值得这么做。

50. 做备忘录

经过和出版社一连串的协调沟通共同出版一本书之后，我们会签订合约。合约订出合作过程所有可能会忘记的细节。最后，当我把完成的手稿交给出版社时，他们说："这里只有 100 页，我们的协议是 200 页。"这时候，我能找出合约，并且找出条款或文字，清楚说明当初我们的约定页数是 100 页。

如果你的上司吩咐你做某些事情，你应该在他们面前记录下来。事后，当他们想和你争辩你是否做错或延迟时，可不是件容易的事。

如果上司要你提交一份报告，那么，你应该给上司提供一份简短的备忘录或提示，用简明扼要的语言写出来，日后就不会产生任何差错。你应该保留副本，也要确保上司知道你留有副本。

这么做并不表示当你事情做不好时，可以拿来作为挡箭牌；相反，它可以帮助澄清事实真相。如果你把要做的事项记录下来，可以让你的工作变得更明确和更容易。有谁可以和白纸黑字争辩呢？事实上，许多事情都可以被编造，事后反悔、更改、订正或修改，但我们都认为，他们无法窜改证据。

令人吃惊的是，许多重大的方案被推翻，起因经常是极小的细节。除非开始便让它变成书面资料。做备忘录并不是件多余的事，反之，它是一种明智的预防措施，没有人能拥有完美的记忆力，我们总会挂万漏一——忘了日期、时间和诸多细节，但我们在开始时做备忘录，事后，不管如何，都可以从中获得提示。我们常常感到惊讶，不管我们的记忆力多么差劲，都可以通过线索作为回忆的起点。

在管理书籍中，你经常会阅读到这样的建议：一段时间以后，把备忘录、电子邮件或传真全部丢弃——如果在 6 个月内都不曾浏览的文件，就代表不再需要它们。这是无聊的想法，你应该保留所有资料，确保有更大的收纳空间，而非将之丢弃，除非你能百分百确定不会再用到，否则不要轻易丢掉保留下来的备忘录。5 年前，我为了一本书的出版和出版商起了冲突（当然，不是现在这本），我们争论的事由并没有在合约上清楚规范，但我保留了原先的讨论记录，并且把它找出来——字迹虽然潦草得像数学功课的计算纸——但我还保留着那些计算纸，而且能够有效证明我是符合他们开始的要求。我终能摆脱麻烦。谁也不能让我扔掉任何书面记录，我也绝不会扔掉任何书面记录。

如果你把要做的事项记录下来，可以让你的工作变得更明确和更容易。

51. 知道实情和实情背后的隐情

　　我们已经确信，你永远不说谎，也不管任何情况下都不会包庇同事；而且你不必主动揭露信息，除非这么做能够给你直接的帮助。如果你知道有同事把事情搞砸，你没必要跑到上司面前去告状，反之，有时候退一步静观事态的变化和发展，可能对你比较有利。如果你的同事知道你知道一切，而你却没有说什么，扯他后腿，或许，日后还可能为你带来回报。

　　当然，如果上司主动问你这件事情的状况，你也不能说谎。但必须再次认知到，实情和实情背后的隐情两者之间的差异。不说谎是一回事，而反复推敲与整理所有你知道的又是另一回事。有时候，花点时间把你要公开的实情稍加整理是非常值得的。作为法则实践者的美妙之处是，在你获得升职和成功的同时，你仍然是原来的自己———一个彻底的大好人。这代表你绝不说谎和包庇任何人，而且你也不会暗中监视同事，然后背叛、出卖、打击、污蔑或举发他们或中止和他们往来。

看，这是一个现实的世界，这个世界上也会发生自相残杀的事情，所以要加倍小心，有些人的个性相当惹人讨厌。或许在你的身边也可能发生一些冷酷无情的事情，但你不必参与其中；你也不必成为老师眼中的好学生。你得随时保持清醒的判断力，你得知道何时要开口说话，何时要回避。

我想你必须成为一个处事圆融的外交家——知道什么该说，以及知道何时说；成为一个武术高手——身手和大脑反应一致；成为一个心理医生——让别人把他们的问题告诉你，但你的问题则留在自己心里；成为一个禅师——看见一切、知道一切，却很少开口。

所以，当有人征询你的意见时，你必须权衡他们真正要问的是什么。他们想要的是实情吗？"他们的报告烂透了。"或局部事实的实情？"你的报告很好，它将对工作有帮助。"或最关键的实情？"你的报告很好，但遗漏了很多内容。"或一个令人安心的实情？"你的报告写得真好，我非常喜欢，因为你的报告写得好，所以我很欣赏你。"或真正的实情？"我还没有时间看你的报告，因为我不喜欢你，所以我想你的报告应该很乏味——就像你一样。"

或许在你的身边也可能发生一些冷酷无情的事情，但你不必参与其中。

52. 建立人际网络

　　如果你不肯包庇任何人，那你对他们又有什么利用价值呢？正如我之前所说的，这是个现实的世界，人们期望你能带给他们诸多利益。他们希望你对他们会有所亏欠；希望你尽其所能的为他们扛包袱、包庇他们、为他们做不道德的事情，并成为他们的耳目——这些都要在同一时间做到。但你已经是一个法则实践者，是一个独立的个体，懂得和办公室的派系角力保持距离。你不会喂养鲨鱼，也会避免自己成为鲨鱼的食物。那你是什么？你是为了什么？

　　你是平静的池水、是台风之眼、是团队坚如泰山的可靠力量；你是提醒的装置、诚实的元素、是所有同事判断自己的标杆。如果你认为那是不可跨越的禁区，其他同事也会认同那的确是个禁区；如果你在一个欺骗行为中调头转身，他们会知道这件事他们最好也不要碰触；如果你觉得这件事很好，他们也会肯定它是件对的事。

　　你是标准的创造者，是其他人赖以判断标准的典范。不相信我吗？你自己试试看，很有效。

　　因为你对同事而言如此的诚实、可靠和值得信赖，所以他们会很快向你靠近，寻求你的建议和指导，但你的付出应该是无偿的。每次轻拍他们肩膀的激励、每次指出正确方向、每场充满有用建议的会议，以及每个关键时刻的指点，你将会获得回报——他们的忠诚。你不用和一群猎犬共同狩猎，但是这群猎犬知道谁才是它们的首领！是，就是你。如何达到这样的境界？通过善意、体谅、坦诚处事，不要让他们感到失望、背叛他们，也不要因他们的过失而拒绝往来。经常保持令人愉快、支援他人和对人忠诚——别说谎话，绝不包庇任何人，但如果可能，你必须加强团结——保护他们、乐于和他们合作、对他们有爱心，并真诚地关怀他们。你会让他们完全顺从你。为什么？因为这种游戏鲜少有人如此玩，玩得这么坦白直率，就像一件不寻常的事，让他们无法防御和抵抗，也没有任何防备。只有少数的管理书籍或课程会教导你成为一个直率诚实的好人，弱肉强食通常是这些管理培训书或培训课程不言自明的内容，常要你残酷无情、讨别人便宜，以及狗咬狗，结果导致人们思考像狗一样，而非是个真实的人。你一路走来，让他们知道什么才是真正该做的，不管任何地方，他们将跟随于你。

你是标准的创造者，是其他人赖以判断标准的典范。

53. 谨慎约会

可能有人会劝你千万不要和同事约会，因为那会带来怨恨、压力、嫉妒、失意和痛苦，而且通常会对你的工作和名声有损害。即便你和同事的关系进展顺利，到后来也会遇到麻烦甚至分手。

从某种方面考虑，我赞成这种说法。当然，你也没有理由落入办公室聚会的陷阱。如果你实在忍不住想和财务部那位迷人的同事一起参加聚会，但是又不能突破自己的底线，那你最好不要去参加这次聚会。因为你是一名法则践行者。

但是只简单地说"千万不要和同事约会"也不完全正确。如果我真这样做了，那我的三个孩子就不会出生了，出现类似这样的结果，那可不是我所提倡的。但是，你知道，许多人在工作中遇到了自己未来的生活伴侣，这时你就不能忽视"和同事约会"的可行性了。

那么，你该怎么做呢？答案只有一个，那就是：只与他人建立严肃认真的工作关系。当然，你不能确保永远保持这种工作关系，但是如果没有机会保持这种工作关系了，那就避开吧。此时，你可以问自己一个问题：对你而言，这个人比你的工作更重要吗？如果两者中你必须放弃一个，你放弃哪一个？如果你宁愿放弃工作而不愿意放弃这个人，那你就不要放弃这个人吧。当然，如果你两者中任何一个都不必放弃，那就祝你交好运了。

如果你和一位同事情感暧昧，你当然得像成人那样处理并且对此事负责。要建立你们双方都应该遵循的一些基本原则，这不仅确保你们的关系没有影响正常的工作，而且会为你赢得同事和上司的尊重，因为你从中体现出了成熟和理智。下面是你开始确立良好约会关系时应该遵守的一些基本原则：

●不要在公共场所显示出情侣关系；

●不要拥抱在一起窃窃私语；

●让跟你有直接工作关系的同事或直接上司知道你们之间的关系，否则他们总会竭力琢磨你们的关系但又不知真相，然后，你的行为表现要给别人你们似乎并没有约会的感觉；

●如果工作与恋爱发生利益冲突，比如你们不能理智地评价、规范对方，也不能理智地互相交流，你就可以申请重新分配某项工作（这也是你让上司知道你们的关系的原因）。

你不能确保永远保持这种工作关系，但是如果没有机会保持这种工作关系了，那就避开吧。

54. 了解别人的动机

你的动机是什么？我们知道你是一名法则践行者，你诚实、勤奋、努力工作、热心、成功，懂得自我激励。你乐于工作，把工作做得令人难以置信的好，让上司印象深刻，赢得同事的尊敬，也赢得了下属的钦佩和忠诚。你晚上下班回家，知道你白天的每件事都做得很好，你对每个人和蔼可亲，是个百分百的大好人。你晚上安稳入眠，因为你没有污蔑别人、违反任何法规，或做出逾矩的行为。你赚到很多钱，但这不是你的驱动力，你的驱动力来自于要成为最顶尖、最优秀人物的渴望。但别人的动机是什么？为了能持续往前迈进，你有必要了解别人的动机是什么。

要了解别人的动机意味着你必须进入心理学黑暗且模糊的潜意识世界，每个人的动机可能都是诡谲多变的：

●权力；

●金钱；

●名声；

●报复；

●害人为乐；

●被爱的需求。

不管他们的动机是什么，我肯定他们绝不是法则实践者——你超出他们许多——沉着、平静、掌控一切、有尊严，而且练达。不管是谁，动机是需求、恐惧和贪婪的人都必须谨慎对待。你必须确保你没有对他们低声下气，你会运用策略战胜他们，而不是沦落到他们那种地步，没有像他们那样多疑多虑。现在，环顾你的办公室，找出让每个同事运转的动力是什么，对上司和上司的上司也这么做。学习找出别人的动机，你就可以轻易地掌控他们。你掌握的信息越多，对你越有利。

不管是谁，动机是需求、恐惧和贪婪的人都必须谨慎对待。

55. 每个人都遵循不同的处世法则

我们知道你遵循的法则是什么，但你知道其他人遵行的法则吗？他们的标准是什么？他们遵循什么样的法则书？他们在前进的路上受到的鼓励是什么？或许他们会一边行进，一边建立和改变，但这会让他们失去规律和无法预测。

并非每个人都像你一样对诚信和道德有着高标准，很明显，有些人和蔼庄重——就像你一样——而且仍然能够在工作中得到晋升。除此之外，大多数人的法则令人怀疑。

你正在阅读这本法则书籍的事情必须保密，如果透露出去，你就等于违背了法则的要求。如果你假设每个人都遵循不同法则，事实也是如此，因此你无须揣测他们的法则比你的更好或更糟糕，只是不同而已。如果你认为他们的法则跟你一样，或比你更好，你可能会感到沮丧、失望、梦想破灭、悲伤，甚至心烦意乱。

如果你认为他们的法则比你差，你可能会忧虑、偏执、猜忌，而且多疑。

要认识到他们的法则只是和你不一样，无须判定法则的好坏。你应该保持开放和接纳的心胸，期待但小心谨慎、亲近但不要过度相信、容易感动但不要轻易受骗。

这有点像兵法：

你正在阅读这本法则书籍的事情必须保密，如果透漏出去，你就等于违背了法则的要求。

- 反应机敏，做好准备，不会迟钝，或有侵略性；
- 你能随机应变，如狩猎般行动敏捷，能躲开所有挡路的障碍；
- 你脚踏实地，自信稳重，对任何事情都做好万全的准备。

56. 保持信念

　　你有时会发现自己周围的人不都是法则践行者。他们可能行贿或弄虚作假，抵制变革或阻碍你做事，那你该怎么办呢？

　　记住，一定不要放弃自己的道德标准。我知道这可能很难，但是如果你放弃自己的道德标准，事情会变得更糟，也不会有转机。当然，你可以不坚守那份工作，但是，如果放弃一项工作并非易事，这一点我有很深的体会。在那种情况下，你可能还会觉得自己必须坚持到底而不能放弃工作。于是，你要立足于高尚道德标准来衡量这一切，你对自己认可的高雅、正直、诚实、公平、骑士精神和进步等标准坚信不疑。如果你的表现都不够正派，那么去要求别人呢？你的表现都不好，却想让别人有更好的表现，这种希望非常不现实。

　　我听一位读者说他曾经陷入了坚持还是放弃的两难境地。他是一位造诣极深的法则践行者，他绝不会向自己的标准妥协。他努力工作，以打造一个合作型团队，他推行不受欢迎但早该进行的变革措施。他的一些同事的利益因此受到了威胁。为了让他离开，他们控告他收受贿赂而且道德败坏。你知道后来发生什么了吗？他的上司公开斥责了针对他的这些指控。要知道，作为一名法则践行者就应该收到好的回报。无论他在工作中遇到什么麻烦，他都会收到好的回报的。他的上司并不傻，他们能识别出工作兢兢业业、忠心耿耿的人。

　　因此，如果你也处于这种两难境地，我会同情你的。但是，你一定要坚信信念。如果你让阻碍你的人不停地烦扰你，甚至你与他们同流合污，那你就无法继续工作下去，而且也无法在晚上高枕无忧地睡觉了。如果在工作中，没有人倡导正派的行为，那倡导正派行为的最后机会也就丧失了。实际上，尽管如此，大多数人在工作中还是更愿意表现出友好、高雅、光荣、合作。他们并不愿意成为第一个受批评的人。在一个腐败的环境中，人就很容易腐败。但是，如果你能表现出他人缺乏的勇气，那么就有一些人愿意响应你，也跟随你表现出正义的行为。当然，并不是所有人都会这么做，但是即使只有少数几个人响应你的行为，也能让你感受到更加快乐，让你下定决心做正确的事，而且无论什么时候你都会依照法则而做事。

如果在工作中，没有人倡导正派的行为，那倡导正派行为的最后机会也就丧失了。

57. 正确对待自己所做的事

这不过是一份工作而已。它不是你的健康、你的爱情、你的家庭、你的子女、你的生命或灵魂。顺便说一下，如果它是上述任何一个方面，那你就误入歧途了。

你的工作仅仅是一份工作。是的，我知道你需要钱，需要其他许多东西，但这仅仅是份工作，你的生命中还有其他事情要做。

你不应该因为一时工作不顺，而让以下的事情发生在自己的身上：

● 失眠；

● 厌食；

● 没有性欲；

● 抽烟；

●醉酒；

●吃药；

●急躁；

●沮丧；

●压力如山。

但是，令人感到惊奇的是，正是因为一时工作不顺，人们便经常做上面的这些事。是的，他们有段时间工作情况或许糟透了，但是，你仔细想想，这只不过是一时的不顺。你得学会转移视线，轻松面对一时的不顺，学会享受这种一时的不顺，并正确地看待所发生的事情。

培养新爱好，开始新生活。你工作是为了活着，而你活着不是为了工作。不要把工作带回家——要对此果断地说不。要以家庭为先，花时间陪孩子玩——孩子们长得太快了，如果你一直埋头工作，你将失去和他们一起共度宝贵童年时光的机会。相信我，我看着自己的孩子长大成人，时间过得竟是如此的飞快，如此的惊人。孩子们小的时候，他们似乎长得很慢，而且让人发愁他们什么时候才能长大，但是这一成长阶段转瞬即逝，而且一去不复返。就是因为你每天晚上埋头

处理文案工作，或某个周末去参加一个令人厌烦的会议，你便失去了
和孩子们在一起的时光。

　　要明白，这只是一份工作而已。

　　你得学会转移视线，轻松面对一时的不顺，学会享
　　受这种一时的不顺，并正确地看待所发生的事情。

没有人喜欢孤独的黑羊或孤独的白乌鸦，或一只与鱼群游不同方向的鱼。第六部分法则是要教你如何和别人和谐共处，成为"他们中的一分子"。你不会是一个站在一旁的局外人。你可能脱颖而出成为这群猎犬的首领——因为你更优秀、更有效率——但你仍然是"他们中的一分子"，因为你知道如何 运用"融入群体"的游戏。

第六部分

融入群体

58. 了解企业文化

不管任何公司、企业或部门，甚至只是一间小小的办事处都拥有自己的企业文化。了解企业文化可以为你带来优势，这是成功的关键，记住：知识就是力量。

所谓的企业文化是指人们的工作方式。企业文化有时是由企业所塑造，但大多数的企业文化则是由人们自然演绎——自然产生，没有任何计划或规划。如果你不了解企业文化——或无法运用它——最终你会被看成是个傻瓜，而容易被人利用或遭人轻视。

请记住，有70%的人离职原因不是他们无法胜任工作，而是因为他们不了解企业文化——无法适应。

我们以加拿大一家著名的设计公司——BMD公司为例。这家公司的老板布鲁斯·马（Bruce Mau）在招募新进员工时，都会提出一份约有 40 个题目的测验，包括“谁拍了一部全片只有蓝色色彩的电影？”答案是电影奇才德里克·加曼（Derek Jarman）。

布鲁斯给发布的这则招聘广告取的标题是：“避免陷入框架，跨越原有藩篱”，结果他吸引了一些最好及最顶尖的设计师加入他的公司并为他工作——或与他工作，正如他所说的，他与同事是一起共事的工作关系。

现在，你认为哪种企业文化是布鲁斯所期待、想要，并且想得到的呢？你可以适应这种企业文化吗？你认为布鲁斯对你将有什么期望呢？

你不必全盘接受所属的企业文化——也无须信仰——但你必须适应和融入。如果他们都爱打高尔夫球，你也要跟着他们去打；即使你很讨厌，也要试着一起去打——如果这是适应企业文化必须采取的模式。当然，你或许会质疑自己是否想去适应它？你也会质疑，是否打打高尔夫球就可以达到你想要的境界？但如果你是一个法则实践者，你想持续有所进展并获得成功，也渴望成为这家以打高尔夫球为企业文化的公司的一分子——你就一定要跟着去打高尔夫球。

你不必全盘接受所属的企业文化——也无须信仰
——但你必须适应和融入。

59. 使用企业用语

"适应"企业文化代表你能够服从企业的文化，而使用企业用语也是企业文化一个重要的部分。如果他们都使用古怪的语言，那么你也必须使用这种语言，你有可能会因未使用"正确的行内话"或在错误的时间利用电脑对话，而被排挤在外。现在我不想讨论你是否想成为这家古怪公司的一分子，时间和地点都不恰当，这应该是在半夜时分，当你翻来覆去睡不着时，自己独自去思考的一段心灵旅程。

如果上司是用"SPRs"这个术语来谈员工生产效率，那你也必须跟着用"SPRs"。你可能不会喜欢，但你的工作并不是负责教育、教化、告知、指出和指导他们的不对，或给他们上几堂课。你必须跟着说他们的企业语言。我知道有时候你可能会因而发狂——但你还是必须说。

我曾经有一个上司是意大利人，因为他的英文程度不是很好，以致常把"委托人"（clients）与"客户"（customers）合并起来念成"clienters"。但由于他是高层主管，这个可笑的字眼就变成公开使用的一个正式词组，从总经理以下的每一名员工，大家都说"clienters"这个字。当时我可以挺身而出，并大声疾呼："不，不，这是错的，要马上停用。"如果我真的这么做，可就愚昧极了。当我还在那家公司工作，每次听到"clienters"这个字都会心生厌恶，但我是一个法则实践者，所以只好跟着他们说"clienters"。

花些时间，仔细聆听办公室里使用的语言，他们说的是标准英语，还是奇怪的方言？我们要讨论的不是口音问题，而是在每一间办公室，或多或少都会使用类似"clienters"这种个别化语言。我也曾和一个美国人共事，他总是喜欢说别人像墨西哥人一样努力工作，这是他认为尊重所有族群（politically correct）的方式。当然，他说的或许是实情，但这种说法明显是不对、错误的，甚至带有种族歧视。但由于他是公司的老板，所以"墨西哥人"这个字在公司内到处充斥。这种语言是错误而且令人极讨厌的，但它却是当下流行用语。

唯一可以打破这个法则的时刻，便是说脏话。法则教导我们不能说脏话，但如果一个企业文化是大家都习惯说脏话，那你该怎么做呢？答案是：绝不说脏话，在这里法则 42 凌驾于法则 59。

如果他们都使用古怪的语言，那么你也必须使用这种语言。

60. 穿着相机而变

之前我们说过，穿着要高雅、有品味、漂亮，但如果你在一家设计公司上班，同事都穿牛仔裤和 T 恤上班，那怎么办？遇到这种情况，你应该也穿牛仔裤。只要确保你的牛仔裤是最漂亮、最时髦、最流行，也最具时代感，不要把牛仔裤烫得笔直和完全没有皱痕。

最好的方法是观察其他人着装方面是怎么做的，如果在会议中，大家都脱下夹克和卷起袖子，那你也要跟着这么做。如果是非常正式的场合，大家都穿着外套，那你也要穿着外套。这听起来非常浅显易懂，但如果你在一场会议中环顾四周，你会感到惊讶，因为有许多人的打扮显得格格不入，就像行军队伍，跟不上节拍——这个人，终会被边缘化。

从程度上来讲，我们都是属于组织的成员，为了适应和融入组织，我们会作出伪装，以免引起不必要的注意。很显然地，如果老板脱掉外套，那么你也可以脱掉外套。尽管如此，我们千万不要把自己当成是一个复制品，以及不经思索就盲从别人的做法。我们在这里所谈论的视场合穿着，是按照一般情况，而非针对单一或特定时刻而论。

　　我发现开会时最好是坐在后排，可以观看别人怎么做，而非成为别人追随的头号人物。不要太急，说不定前面不是升职的机会而是一个万丈深渊；说不定跳板下面的水池根本没有水，稍为后退，观察片刻，会比较安全。

　　我经常发现，如果有个可供观摩的角色典范会很有帮助，我们可以看看他们处理事情的模式，或穿衣风格。在我多年的职场生涯里，我的穿着都是卡里·格兰特（Cary Grant）式的风格，然后我只要简单地问："卡里·格兰特会穿这种衣服吗？"如果答案是肯定的，我就会穿；如果是否定的，就不穿。看吧，就这么简单。你也可以试试汉弗莱·博加特（Humphrey Bogart）式的穿着风格，但最好是学他在《卡萨布兰卡》（Casablanca）的穿着，而非在《非洲皇后》（African Queen）的造型。

　　即使公司文化在穿着上倾向随意，你也可以在穿着上花一些心思。不幸的是，在英国不容许随意的穿着，所以我们没有这方面学习的环境和机会。在职场上，我们不能穿短裤配上 T 恤、夏威夷恤配上南洋式的纱笼，我们只能把自己包装得高雅和正经八百。

　　即使公司文化在穿着上倾向随意，你也可以在穿着上花一些心思。

61. 学会与各种人打交道

只要你可以的话，当只变色龙是一件好事。每个人都各有差异，如果你对待所有人都是用相同的模式，你极有可能冒犯他们，至少你无法让每个人都感到满意。

如果你已为人父母，就很容易明白这个法则。如果你有不止一个小孩，你就更能了解不能等同对待他们是多么重要。每一个小孩所需要的激励力量都不尽相同，有些小孩，只要对他们表现稍感失望就足以激发他们，但对另一群小孩而言，你则必须大发雷霆，才能让他们在早上顺利穿上衣服。

我有五个儿子和一个女儿，而我会采用不同的方式来对待他们，但有时因一时疏忽采取相同的方法对待他们，他们就会感到讶异和受伤。他们每一个都要我对他们有一点不同，让他们感到自己在父母心

中是唯一且特别的。作为一个主管，在某些层面上就像下属的父母，
与他们相处时必须把他们视为独立的个体来对待。

　　有一次，我故意为一件不足挂齿的小事假装大发脾气。由于这顿
脾气爆发得相当突然，惹我生气的那个人可真是吓坏了，最后向我屈
服。现在的老板很少可以容许身旁有这种令人难以忍受的行为，我甚
至可能被直指大门叫我离开。

　　在我担任总经理期间，总是认为只要凭借和颜悦色便能激发下属
在工作中发挥所长，但总是有人爱唱反调，他们对我释出的善意不作
回应。因为他们是思想守旧的老式员工，在他们心中，主管的形象是
对着他们吼叫和命令他们做事的讨厌鬼。然而，我只要求他们自己想
办法，以及自行安排工作，如此他们反而无法应付，所以我必须表现
出不满情绪，才能引发他们回应——不同的人要用不同的招。

　　你必须具备很强的适应性，对不同需求的人随时快速作出转变。
完美的主管必须拥有八面玲珑的能力，为人处世游刃有余。想一下你
和人们如何相处，是否无论是面对谁或任何事，你都采用同一种方式
应对呢？你是否能够很快、很容易就适应和改变自己？找出你身边的
成功人士，观察一下他们是如何与他人打交道的。

完美的主管必须拥有八面玲珑的能力，为人处世游
刃有余。

62. 为上司树立良好形象

如果你的上司形象很好，那么你部门的形象也会很好。相应地，人们对你也会赞赏有加。这样看来，我们显然应该遵守"为上司树立良好形象"这条法则。但是，有许多员工在背地里指责上司，或者随时准备把所有责任都推卸给上司，这很让我吃惊。

我知道你的上司可能是个傻瓜；他们没有敏锐的商业头脑，难以与人相处，还很苛求；他们城府很深，管理无能，虚情假意，没有天赋，人缘也不好。如果这一切都是真的，他们的形象当然需要你尽力去帮助塑造。

事实上，几乎没有哪位上司的形象那么差，但是也没有哪位上司的形象是完美的。但这并不重要，我们都知道，人无完人。为上司树立良好形象会让你全面受益，你的上司迟早会注意到你在处处为他树立良好形象。

　　当然，当着上司的面为他们树立形象，这样做也是合乎情理的。但是，如果你在他人面前支持、信任你的上司，赞赏上司的长处，这会让你更加受益。其他的高级经理会对此印象深刻，他们会把你说的话传到上司的耳朵里，说你告诉大家是你的上司如何尽心尽力在展销会上精打细算，或者你的上司帮着谈成了一大笔生意，或者你的上司经常鼓励你们，而使你们的团队信心大增。

　　为自己的上司树立良好的形象体现出来的是其他经理人都会赞赏的一种忠诚，它有助于增强团队的凝聚力。它也同样会受大家的关注并影响团队中的每一个人的忠诚度，包括你自己。我不是建议你替上司掩饰过错，如果你的上司把事情搞得一塌糊涂，你要对此秘而不宣，而对他们做的正确的事，你一定得大肆宣扬。

　　当然，为了团队的工作，你和你的同事有时需要开诚布公地讨论你的上司，但是要确保你指出的弱点都是上司绝对必要改正的，而且持有公正无私的态度。例如，你的上司可能总在最后时刻把你需要的信息提供给你，为了改进工作你把事情说出来或许是很明智的，但是你讲述这件事情的时候要本着实事求是的态度，而不要一说到这事就气呼呼地表现出一脸的不满和抱怨情绪。

为自己的上司树立良好的形象体现出来的是其他经理人都会赞赏的一种忠诚。

63. 知道在什么时候和什么地方现身

不管是上班或下班时间，那些高层人员和重要人物都会齐聚在某些重要场合。你必须找出这些场合，这是用来获得信息、建立人脉、吸引他们的目光，并且发挥影响力的重要地方。工作之余，高层主管都会找一个地方休憩，这个地方或许是 19 杆的高尔夫球场；或许是酒吧、特定餐厅或俱乐部。不管是什么地方，不论在哪里，你都应该找出这些地方。现在先不要立刻冲到那些地方，这会让你像一个傻瓜。当你探明地形后，必须先行了解进入这些地方要注意的事项。这家餐厅是不是有穿着上的规定？这家高尔夫俱乐部是不是还有候补会员名额？酒吧这类地方，你要单独前往，还是应该携伴？申请加入这个俱乐部容易吗？你能够出现在这些场合，和高层人员自然相处而看来不会格格不入吗？你看起来像是跟他们巧遇："喔，我刚好经过。"

或让人一眼便看穿，你在那里徘徊已久，伺机而动呢？

　　你必须小心谨慎，而且你应该知道他们聚会的场所，以及在哪里可以碰见他们。或许你选择这辈子都不要去那里，免得遇上他们，这也可以。但当你和别人谈话时，凸显你知道他们去了哪里，在哪里遇过他们，这就成为你的优势——知道的越多，这对你越有利。

　　在办公室里，高层人员可能会聚在咖啡机或复印机旁的走廊，你可以经常安排在那里与他们巧遇，让他们记住你的面孔和名字。

让高层人员记住你的面孔和名字。

　　有时在正式场合，这些高层人员可能会闪到门外去抽上一口香烟，即使你没有烟瘾，也可以赶快离场加入瘾君子的行列。有时在研讨会开始之前或其他情况，高层人员总喜欢到吧台看看，你要确保已先一步在那里等候，这样你就不必在他们到达之后找借口来酒吧了。

64. 熟悉社交礼仪

每一家公司和工作场所都存在社交礼仪，我们要熟悉这些礼仪并且加以运用。这些礼仪可能相当简单：

● 从不带配偶到办公室；

● 你总是在休假期间参加职工会议；

● 就算没有标示"不可停车"，你也不会把车子停在那些位置上，因为这是为高层主管的配偶和小孩非正式预留的车位；

● 你去探望别人时，会在信封内装上五英镑的慰问金，而生日只有两英镑；

● 你从不会喝咖啡配果酱甜甜圈，因为那是高层主管西尔维亚（Sylvia）独有的吃法——过去是这样，未来也是这样；

● 你总是当面称呼查尔斯为"老板"，而其他同仁则称他"查理"，采购人员则称他"查尔斯先生"；

●午餐喝点葡萄酒是可以接受的，但绝对不允许喝啤酒。

你或许不知道这些办公室的潜规则是怎么形成的——查尔斯曾经被一个因喝啤酒酒醉的员工狠狠打上一拳，从那时开始，他规定午餐时间不可以喝啤酒；查尔斯曾和一个高级经理的妻子弄得窘迫万分，因为她在办公室走廊里冲他搔首弄姿，从那时开始，公司就规定不能带配偶到办公室。

当然，这些社交礼仪的产生原因或许非常明显——西尔维亚喜欢吃果酱甜甜圈，她有足够的影响力和威望来建构她的独有的方式——重要的是，你必须把它们辨认出来，并把它们归档。如果你不希望因在社交场合失礼而惹出麻烦，你最好熟知这些礼节。

我曾在一家视上班时间喝酒为一大禁忌的公司上班，就连午餐喝一小杯啤酒也不被允许，更不要说是喝烈酒。我也找不出禁酒的原因。我相当赞成这种规定，因为我不是一个嗜酒的人，只是这个规定让我感到困惑。最后我终于找出原因，公司以前的某个财务经理，每天下午会关在他的办公室打盹40分钟——甚至熟睡一番。虽然午餐时他会喝不少的酒，但事实上他并没有睡觉，他利用这段时间把公司账户的资金非法转到自己的账户。最后公司发现他的舞弊，将他开除，自此以后，禁酒就成了公司的规定，此外，公司还规定禁止上班时间把办公室的门关上。

当然，这些社交礼仪的产生原因或许非常明显——重要的是，你必须把它们辨认出来，并把它们归档。

65. 了解当权者的原则

谁负责办公室的运作呢？我敢打赌，绝不是你的老板或上司，他们喜欢把自己关在如同象牙塔的办公室里，而把真正的工作留给其他人处理。你的任务便是找出老板和上司授权的对象，并支持他们的工作。

我任职过很多公司，发现有不少公司的实际权力都交由总裁的顾问、法务助理、审计人员、客户经理或高级经理掌握。但不管是哪一种情形，这个特别人物之所以能掌握实际权力，是因为他们：

● 他们的建议能被老板采纳；

● 深得老板或上司的信任；

● 他们处事不露声色，不会口无遮拦地四处张扬；

● 隔一段时间就向老板或上司进行汇报；

● 喜欢权力和控制；

● 运用不同的谋略实现自己做事的目的；

● 才智过人，但工作时缺乏应有的经验、能力或技巧。

不管任何情形，一旦我和他们交上朋友，我会和他们处得比较好。我无法立即辨认出他们，这会为我带来一些困扰。一开始，我试着直接找老板或上司汇报工作，之后我才了解，这是个错误的做法——因为老板或上司会跟我说："任何事情都要先经过莎拉（Sarah）过目一下。""我会先请珍妮（Janine）帮我看一下，看她是否认同这个好点子。""你要不要先和特维（Trevor）先讨论一下，没问题后再来找我？"

不久后，我就知道哪些人是老板或上司的耳目和心腹，于是我加入他们的阵线，而不是成为敌人。他们是真正获得老板/上司授权和信任的人，你应该对他们怀有敬意。我知道这并不公平，你也不喜欢，但除非你可以发展一套更好的机制，否则我们只好在这样的环境下工作。

我任职过很多公司，有不少公司的实际权力，都由总裁的顾问、法务助理、审计人员、客户经理或高级经理所掌握。

66. 熟知办公室等级制度

　　这条和前一个法则息息相关，你除了必须知道谁是老板或上司的耳目之外，还必须知道谁负责处理公司事务。或许你经验资深，但不管如何资深，你还是无法取得文具柜的锁匙，除非你先跟马克（Mark）好好地沟通。或许你对早上帮你送茶的职员感到不满，因为他每次送来的茶都是凉的，这是因为你不经过办公室主任的允许，自行走到职工餐厅，自己点茶喝。

　　办公室的规定和等级制度是老套、僵化、小家子气和过时的，然而这种文化却充斥在我们周围。不久前，我任职的办公室规定，如果你要打字，要先把文件交给办公室主任，再由他转交给打字人员，完成后再通过他交到你的手上。

　　问题便出在此，如果办公室主任看你不顺眼——有可能只是因为你在她的身旁抽烟，或用贬低的语气抱怨老板，或说脏话，或上班时穿得过于正式——她会把你的文件分派给最烂的打字员，不但延迟交件、错字连篇和错误百出，甚至文件上还布满咖啡渍且没有复印备份，最糟的是你还得在文件上签字。

一旦你博得办公室主任的好感，情况便会完全改观，你的文件几乎可以拿来当范本，既准时又没有任何瑕疵。

或许你会说，世道就是这样，没有人会去投诉或抱怨。是的，但是办公室主任并非我的直属上司，我只不过偶尔需要打字而已，更何况我是一个资深员工，尽管如此，但为了完成日常工作，我仍然置身于这种等级制度中，并低声下气地寻求那些比我资历浅的人员支持，以便得到公平的对待。只为了打好一封信，就要耗费相当多时间去拜托办公室主任，这会让我发狂。这是浪费时间、缺乏效率。但你是对的，我们就是要在这种环境下工作。

所以，我们该怎么做？我们只能遵守办公室规则。我们别无他法，只好继续拜托他们，并笑脸相迎。

办公室的规定和等级制度是老套、僵化、小家子气
和过时的，然而这种文化却充斥在我们周围。

67. 不要否定他人

今天的午餐地点，他们又选择了酒吧。你并不喜欢这样，你讨厌难闻的气味、吵闹声，以及对昨晚的电视节目发表无聊的讨论。

但你会把这些告诉他们吗？不，你不会，你必须成为他们的一分子——融入他们，你必须让他们觉得你跟他们在一起，你必须让他们知道你跟他们同在，即使你不在，也要让他们知道你的心和他们在一起。但你想要脱身，也很容易，你只需借口必须去买东西、要去拜访朋友或要去健身馆就好。

不要否定他们消磨午休的模式——这会导致他们把你当成一个外人。不要告诉他们，由于要赶工作进度而必须留在办公室——他们会把你当成一个谄媚者。最好的说法是，你想去买点东西，然后找一个舒适的地方偷偷躲起来，啃着三明治，用笔记本电脑继续工作。这样就可以把额外的工作完成，但千万不能让他们知道。

不要告诉他们，你认为在午餐时喝酒是不健康，以及会减损工作效率——你反而要告诉他们你会尽可能跟他们会合，即使没有你——也要说："为我干一杯。"这种说法，纵使你无法参与其中，他们也会接受你，视你为一分子。如果你赞同他人，就会被他人接受。

或许，他们打算在星期二晚上相约打保龄球。这时你不要说："不是怪胎才会打保龄球吗？"你要这样说："喔，星期二晚上吗？真不好意思，我已和老婆约好要去看电影。"不然你就要把自尊、个人标准和不认同往肚里吞——陪他们打一场保龄球。世事难料，可能你会乐在其中也说不定。你会选择融入团体，不会表现出对同事的不赞同，这是明智的选择。

别人怎么消磨他们的时光、怎么花钱或怎么生活，这都不是你该关心的。明智的人会把精力花在走自己的路上，而不会去管别人走什么路。始终把焦点放在自己的目标上，而不管别人在忙什么，这样你就很容易停止诸多无谓的判断和揣测。如果你已做好隔离自己的选择，不管怎么困难都不能予以妥协，不要随便从 A 情境移动到 B 情境。反过来，批评其他人，你就会让自己陷在被评判的位置——这会作茧自缚。

明智的人会把精力花在走自己的路上，而不会去管别人走什么路。

68. 了解从众心理

　　人们总是喜欢组成友好安全的小群体，比如家庭、朋友、同事、同乡、同村、同一国家或同一社团，并会为了保护自己所属的团体而进行奋战。如果你威胁到他们——或者，这点很重要，他们认为你将带来威胁——他们就不会喜欢和欢迎你。所以不要让人家觉得你威胁到他们。了解从众心理很重要，懂得融入他们也很重要。

　　如果你与一群狮子为伍，那你也要能在尘土上翻滚、叫吼、活吃斑马，而且异常凶猛。是的，你将会融入——成为一只狮子。这并不代表你屈从，亦非示弱，每一群狮子都会有一只是狮子王——一只地位较高的狮子。你应该融入群体，且要脱颖而出，懂得负责和领导群体，并成为群雄之首。

　　融入群体是要你伪装成变色龙，而非当一个软骨头。虽然我说过你应该融入群体，但并不表示你必须舍弃个人的价值观，或所有人格特点成为一个复制品。你只需知道和了解从众心理——然后充分利用，让它为你所用。我曾经看过一名职员，终日以泪洗面，因为他不了解体制和群体。他的同事会跟他作对。由于他的"不同"，同事察觉出他的恐惧，然后把矛头都指向他。

你也可以成为披着羊皮的狼。如果可以融入羊群，让羊群接受你，如此你就能和他们一起做更多你想做的事。如果你让羊群嗅到任何狼的气息，它们就会变得不安。

任何研究团队成员特点的人，都可以看出顺从的踪影，大家都喜欢当羊群中的羊，因为这会让他们感到：

● 稳当；

● 舒适；

● 安全；

● 受到保护。

这就是它们的思考模式，它们被妥善照顾，感到安全，所以只会惬意地吃着青草。但是你并不需要这些，因为这是为羊群所准备的，你是羊群中的狼，一定要像狼那样独立思考。

虽然我说过你应该融入群体，但并不表示你必须舍弃个人的价值观，或所有人格特点成为一个复制品。

如果你想升职，最好从现在起开始实践。第七部分法则教导你如何采取独特的格调、态度，以及你在目前职位上所拥有的管理特点，做好升职的准备。如果你给大家的印象是你已获得升职，那你就有可能升职。

第七部分
放眼未来

69. 领先一步的穿着

当我还担任经理助理时，我的穿着名副其实就像一个助理。而当我有想要成为一个经理的念头时，我便开始研究经理的穿着模式——甚至总经理的服饰也是研究范围。我选择穿得像一个总经理，结果，跳过经理一职，被提升为总经理。每份工作都有专属的风格，你可以选择你想要从事的工作，学习穿上与你所期望工作相符的衣着风格，然后，你就有可能得到那份工作，就这么简单！当你得到这份工作，你必须能够胜任，否则很快就会掉下来——不要好高骛远，要先学会爬，再想飞。

在我的职场生涯中面试过许多前来应聘不同职位的人，尽管阅人无数，但还是会为应聘者的穿着感到惊讶。为什么他们都穿得像不想获聘似的？我曾面试过应聘高级主管职位者，他们穿着破旧不堪的外套、没有烫平的衬衫或上衣、一双布满灰尘的皮鞋和顶着一头凌乱的头发就前来应聘。我又不是请他们来——这时我得小心我的措辞，我不想惹恼任何组织的工作人员。

我也见过招聘高级经理的面试。应聘者不是迟到，就是角色定位不对、时间不对或资历不符，显然的，他们也没有找对工作。

我曾经负责面试一批培训生，竟来了一批培训师——这完全出乎我的意料之外。

不管你正从事什么工作，处在哪个职位，都必须睁大眼睛，把焦点放在下一个职位，你这么做了吗？这可以参考第三部分法则：制订计划。如果你的眼光注视着某个职位，你必须知道现在是谁坐在这个位置上，并开始对他们展开研究和观察。他们穿什么？怎么穿？风格如何？优雅吗？你可以从他们的穿衣哲学中学到什么？你可以从现在就开始模仿他们吗？我所谓的模仿是确实地学习他们的穿衣哲学；如果这代表要穿上一件商务套装，你就要逐渐习惯它。

没有什么事比开始一份新工作，同时又要展现新的穿衣风格更糟糕的事了。别人很容易会察觉到衣着色彩的不协调，或鞋子太紧、款式太古怪，而且你身上的时髦配饰根本不适合你——你总是在拉你的裙边，或一直调整你觉得奇怪的领带，让人觉得你非常不自在。

　　你可以选择你想要从事的工作，学习穿上与你所期望工作相符的衣着风格，然后，你就有可能得到那份工作。

70. 领先一步的谈吐

　　你的上司是如何跟别人谈话的？我确信你也想做他们的工作，如果不是，那什么职位才是你想要的呢？还是我们谈这个问题只是在浪费时间？说吧，什么职位是你想要的？就让我们先从直属上司开始。你的上司是怎么跟别人谈话的？

　　我的意思是——他们是怎么说话的？我会仔细解释。这不是指他们说话的腔调或发音——不是指发出来的声音——而是谈话的内容，他们在说什么。我敢打赌，你常用"我"的立场来谈话，而你的上司则常用"我们"。你可能是以工作人员角度发言，而他们则是以公司的观点来表达。

　　当你的职位越高，越不能有以下的说话方式：

　　●无聊地唠叨；

● 无聊地八卦；

● 说脏话或诅咒别人；

● 讨论昨晚电视上的谈话性节目，或其他和工作无关的议题——上司倾向于专注在工作上，尽量不浪费时间；

● 信口开河——上司一向思考周全，通常他们在发言前会先暂停一下（至少优秀的人都是如此）。

所以，如果你想练习领先一步的谈吐，你需要深思熟虑、谈论相关的议题和用"我们"的立场而非"我"，要专注、有活力，并且保留自己的生活细节——上司不会谈及或闲聊自己的社交生活。

我想你必须成为一个稳重的成年人，对其他工作人员说话时，要把他们当成小孩子。这样，你会变得严肃、稍微内敛、成熟、负责任、可靠而且谨慎。

我少言寡语并不代表傲慢，我相信你应该看过许多主管都犯过这种简单的错误，在工作中经常目中无人，一副了不起的样子。傲慢就是自大、假装自己很重要；少言寡语则是沉默寡言，并保持超然独立，拥有卓越的经验、技能和天赋。

要专注、有活力，并且保留自己的生活细节——上司不会谈及或闲聊自己的社交生活。

71. 领先一步的行为举止

你已经学会领先一步的穿着和领先一步的谈吐技巧，现在你必须有领先一步的行为举止。我知道，这要付出很多，很辛苦，也很艰辛。但谁说成功是容易的呢？绝不是我，本书的字里行间都告诉你这是一条艰辛的路——事实上，这比一般人的工作还要艰辛。作为一个法则实践者，必须花更多的努力，需要注意更多的细节，比一般的工作要辛苦好几倍，但成果会证明一切都是值得的。身为法则实践者，会自发性地让自己具备升职的资格——如果你能成为一个法则实践者，升职是必然的，这是一种自我实现的预言。实践法则必须具备坚强的性格、毅力、决心、诚信、勇气、经验、才能、决断力、干劲、胆识和魅力——如果你具备这些特点，无论如何，你将会脱颖而出。

所以，你的行为举止要领先一步。观察一下上司进入办公室的方式，注意到什么吗？看他们如何回电话、如何和下属对话、如何招待顾客、如何握笔写字、如何挂他们的外套、如何打开办公室的门，甚至如何坐着、站着——他们的所有事情。我敢打赌，你会发现他们的行为举止不同于办公室内的其他人——一般员工、维修人员、业务员、营销人员或公关人员。

要自己的行为举止领先一步，你必须：

● 对自己更有把握；

● 更成熟稳重；

● 更自信。

实践法则必须具备坚强的性格、毅力、决心、诚信、勇气、经验、才能、决断力、干劲、胆量和魅力——如果你具备这些特点，无论如何，你将会脱颖而出。

　　你不得已时，可以表现出没精打采、温和练达——你无需过于狂妄或激进。可以进行一个简单的练习——你有自己的办公室吗？别人进入你的办公室前需要先敲门吗？你会说什么？温和地说"请进来"吗？还是简单地说"进来"，当职位越高，就越没有时间浪费。你越熟练、快速和圆滑，就更能胜任你的工作，你没有时间说些无聊话或长篇阔论——简单一句"进来"，十分有效率。你必须以效率为主，这就是秘诀。一个法则也是秘诀。

72. 领先一步的思维

　　我们刚刚谈到效率，领先一步的思维也是关于思考的效率，你没有时间可以浪费在思考下面这些问题：

- ●这会耽误我的下午茶时间吗？
- ●这代表我还有时间去度假吗？
- ●我必须更辛苦、更长时间地工作吗？
- ●这件事可以为我的威信加分吗？

不要这样，你必须思考如下问题：

- ●这些事对部门会更好吗？
- ●公司能够从中获得利益吗？
- ●我们的上司能以此说服员工吗？
- ●我们的客户会满意吗？

　　你得到启示了吗？明白我说的重点了吗？你应该开始用老板或上司的角度来思考事情，而非站在员工的立场。你看待事情也应该从公司的观点出发，而不关心它如何影响你个人微不足道的琐事。你将会：

●纵观全局；

●明白公司发展宏图；

●为公司发展宏图添砖加瓦；

●为实现公司蓝图指引方向；

●成就公司的蓝图；

●不要当一个局外人。

　　我想这些法则是要教导你如何做个与众不同的人，如何为自己思考，以及如何自力更生。但如果你能做到这些，就不需要这些法则。如果做不到，这些法则能否协助你做到呢？是的，当然可以。继续往下看吧。

你应该开始用老板或上司的角度来思考事情，而非站在员工的立场上。

73. 应对公司的事务和问题

我们说过要站在公司的立场上看问题，而非从你自己的角度出发。未来，你必须具备这样的思考方式，当你在自言自语或和亲近的同事聊天时，最好以公司的事务和问题为主。你要把自己当作是老板/上司——参照法则 78。

我还记得，我的第一本书刚写好时，我自然地非常关心这本书会做成什么样——封面适合吗？给人的感觉对吗？是否能够给读者耳目一新的感受？明显的，营销经理对我不停地打电话事无巨细地问一些细节感到十分厌烦，终于对我直说："这不过是几罐豆子，亲爱的，几罐豆子而已。"当时，我不明白他的意思，所以他必须解释这句话的意思。原来每一本书都是一种产品——如同一罐豆子——放在架上求售，或许有人买，也或许没人要，诸多的变化因素皆非作者所能掌控。例如：这本书放在架上的哪个位置？书的旁边是否有其他类似的书籍相互竞争？甚至连天气的好坏或书店打不打折等等，都可能影响书籍的销售状况。所有事项都能影响产品，包括能否吸引顾客，例如：什么色彩的封面才可以增加销售。身为作者，我的本分是提供文稿，然后思考共同的问题，例如：在特定结算周期内要卖出多少罐豆子？每罐豆子我的收益是多少？下一罐豆子要如何规划？说不定下一次，我们可以把豆子搭配意大利面一起卖？

当问题突然出现时，你很容易站在自己的角度来分析问题——它会对你造成什么直接的冲击。一旦你是站在公司的角度，就很容易停止这种想法，并开始以公司的观点来思考事情。这不是要你不辨是非、不管对错都和公司站在同一边。事实上，你要秉持诚信，表达自己的意见。如果有不对的事——你也应该据实相告，重点还是要以公司而非自己的观点来考虑。

如果公司建议实施一个新流程，要立即想到它对客户的影响，而非对你。

如果公司建议实施一个新流程，要立即想到它对客户的影响，而非对你。

74. 让公司因你而变得更好

在一个组织中，要让自己获得声誉的一个最令人满意的方法就是，提出一个让公司全员受益的建议，而不只是让你自己或自己所在部门受益。

例如，我曾在一家公司工作，公司里设有意见箱，大家都认为这只是个摆设而已。我们也不相信谁会关注这些意见，直到我们几乎都不认识的一位女士突然往意见箱里投入了一个非常简单的建议。她建议公司所有信件应以平邮标准邮寄，除非有正当理由才以快件寄送。在她提建议之前，公司所有邮件都是以快递形式寄送，费用相当高。

这个事情与我正在谈论的法则"让公司因你而变得更美好"完全吻合。这是因为：

● 它简单明了，无须任何复杂的解释说明；

● 它不需要企业花费任何成本，人人都可践行；

● 它极易执行；

● 它为公司节约了一大笔钱。

这就是你所寻找的理想状态：简单、平凡、明确而且收效立竿见影。当上面事例中这位不起眼的女士不断受到经理的表扬和赏识时，你可以想象我们大家是多么羡慕她。她的确值得嘉奖。所以，仔细看看你自己的工作，看你是否能发现让大家都受益的事。或许你能找到一种方法，能更经济、更快或更好地做某事；或者也许你能拥有一种人人可使用的资源。实际上，这是法则4的深化，只是在这一条法则中，你所做的事让同事也能受益。比如说把大量分散的信息归类到一起，这样大家都可以更容易地查找所需要的信息。拟定一份电信系统用户指南，这样公司每个部门都可以用它来培训新员工。

我相信你已经领会了本法则的含义：如果你想办法创造人人可共享的东西，那么这些东西每次被使用时，都将为你带来荣誉。真心助人，你就会成就自己。

真心助人，你就会成就自己。

75. 要说"我们"而非说"我"

我曾经和一个上司一起工作，他曾问我们一个问题："你们为谁工作？"大家的回答众说纷纭：

- 自己；

- 家庭；

- 银行理财经理；

- 自我期许；

- 老板；

- 管理阶层；

- 董事会；

- 客户；

- 国税局；

●政府。

他很客气地说："不，以上都不是。"他向我们解释说我们都在为公司的股东工作。没错，你为股东工作。所以，你立刻去买自己公司的股票，你就是为自己工作了。从现在开始，你可以说："我们"，而不是"我"，其他事情亦是如此。

你现在已经是一个股东，所以当讨论公司流程时，想到的是这会如何影响我们和股东——而不是如何影响我，以及员工。

如果你可以列席会议，你会越来越习惯（而且冷静）谈论"我们"，而非谈论"我"。

"如果我们要执行新的流程，我们必须先了解下级员工的反应。"而不是先想："我认为新流程的规划太差了。"

"我们应该优先讨论这次展览会的事。"而不是说："我正着急呢，这个该死的展览会再过两星期就开始了，但我一点都还没准备。"

如果你可以列席会议，你会越来越习惯（而且冷静）谈论"我们"，而非谈论"我"。

76. 付诸行动

　　你已经整合了整套领先一步的建议——现在，就可以开始付诸行动。不论你向往的职位是哪个或哪份工作，都将会顺利取得。这不是有样学样，而是一种训练。如果你不能付诸行动，你将会一无所获。

　　记住，一开始我们就不断地说——你必须得面对工作，展现你的工作能力，把工作做好——甚至要更好。这是基本的要求，如果你无法把工作做好，就离开舞台吧。

　　这些法则并不适合那些信口开河或只会装腔作势的人，而是给那些真正勤奋不懈、有才能、肯努力工作、具备天赋、准备努力付出和奋发向上的人。

　　你向往的是哪一个职位？现在是谁在这个位置上？试着把你当成是他们来思考。他们是如何处理事情的？学习评估这些比你资历深的人，如同他们评估你一样。不要对你的上司如何做事发出抱怨和牢骚——反而要暗中观察他们的错误，从中吸取教训，让自己受益。看看他们做错了什么，并且保证自己以后不会重蹈覆辙，也要观察他们为什么可以把事情处理得完美无瑕，并且开始实践他们精明的处世作风。

如果你将要付诸行动，你必须要有正确的作风、穿着、谈吐、行为举止、反应和态度。如果你准备投入时间来实践这些，你需要：

● 观察；

● 学习；

● 实践；

● 吸收。

不论你向往的职位是哪个位置或哪份工作，都将会顺利取得。

如果你已经准备把这四点做好，你的引擎已经启动，即将开始起飞。当然，你做这些时，也必须不要让任何人知道你在做些什么——就像你做好每天的例行工作一样。这很严格吗？当然，谁说它很容易呢？

77. 多花时间和上级相处

不管你在公司的职位处于哪一个级别，你都可以花时间和高层的上级相处，只要你处理得当，他们甚至会浑然不知。但如果你过于招摇，把注意力吸引到自己身上，你反而会成为众人的焦点，你会被认为是一个闯入者、间谍、入侵者和不速之客。记住，如果你是一个安静的小孩，就能参加成人的派对，他们会忘记你的存在，一旦你吵闹让他们发现，你只得上床睡觉——因为那儿才是你应该待的地方。同理，上级与下级相处，与此如出一辙。你可以徘徊在他们身边，并且学习，但不要吹嘘自夸，不然，你同样会被赶上床。

当我还是办公室的一名小职员时，我注意到高层人员在会议后经常不会立即离开，而会稍作逗留，互相高谈阔论一番。反而那些小职员在会议结束后便急步离开，留下大人物在那里聊天。我发现，如果我徘徊在他们之中帮忙清理桌子或收拾杯子，并且保持安静，我便可以在旁偷听到许多事情，甚至在某些场合还会被征询看法——"理查德，你不是也参与开发票的新程序制定工作，你觉得这些程序怎么样?"这时候就是我发光的机会。当然，此时我可能会因为紧张顿感呼吸困难，涨红了脸，舌头好像打了 18 个结，回话时结结巴巴而表现失常。即使如此，下一次遇到同样的机会我将会表现得更好，最终表现得体了。

后来有一次，机会又来敲门，当再被问及某些事情时，我终于可以条理有致、充满自信，而且成熟镇定地回答一切。奇怪的是，事件过后不久，我就获得一次升职的机会。当时，我在英国一家传统守旧的公司工作，内部的升职机制非常复杂，你必须遵从每一个阶梯循序渐进，但我却跳出机制之外。我最后归因为，这是我在高层人员身旁徘徊所致。

有时候，你可能看到上司在午餐或社交场合独自坐着，多数"员工"因为会紧张不安，所以不敢上前主动找他们说话。因为大部分人会固守与自己地位相符的社交圈，所以好像不能和上司拉近与谈话。请把这种观念抛开，走近他们，跟他们聊两句，你将会深感惊讶，发现上司多么喜欢"员工"主动和他们谈话，因为他们也是人，同样会害怕被孤立、忽视、遗忘，甚至害怕孤单。只要你不是心怀不善，想从中获得好处、想要求加薪、减少工时，以及要求放假，他们就会感到高兴。此时，请教他们的工作经验是十分恰当的——"约翰逊女士，您是如何加入营销工作的？"

你会惊喜地发现，从和上司的聊天中，你学到有用的建议和指导，就像准备转到下一个法则一样——让别人知道你已经有所准备。

你将会深感惊讶，发现上司多么喜欢"员工"主动
和他们谈话。

78. 让别人知道你已经有所准备

当你的表现像一个总经理时，别人就会接受你是个总经理；而当你的表现像一个小职员时，人们也会视你为没经验的年轻人。所以如何让人们认定我们已经做好准备呢？

●充满自信、果断，说话成熟稳重："是的，我们可以做到——我确信我们很快就会有进展。"

●如果你上班时穿着随便或穿运动服，将不会获得和穿着套装，且看起来像个聪明上班族同等的尊重。

●如果你提到"我"，并把每个问题围绕在"我"会受到什么影响——"我不能在午休工作，这是公司给我的休息时间。"——而非用"我们"，并站在公司的观点看事情，以对整体组织最有利——"我们必须同心协力，我乐意利用午休工作，以让我们把难题顺利解决。"

●如果你谈的都是昨晚看到的电视节目、去哪里度假，以及周休假日将如何消遣，偶尔你会发现某些无足轻重的——小职员——反而在谈论公司的议题：部门未来的计划是什么；加息对未来数个月的生意会造成什么冲击，以及对欧元和汇率的变化采取什么措施。

基本上，你必须做到让别人认为你是一个举足轻重而非无关紧要的人。你要工作认真、稳重成熟，这并不意味着你必须成为一个怪胎、笨蛋、苦力、伪善者或令人讨厌的人。你仍然可以说说笑笑、享受欢乐、满面春风、拥有好心情，能够快活风趣，以及神采奕奕。你必须为自己塑造一个成熟稳重且风趣的形象，你必须让人们意识到你：

●熟悉工作；

●经验丰富；

●态度认真；

●可靠且有责任心；

●值得信赖；

●喜欢自己所从事的工作。

　　所以，你从容不迫地走着，一派温和、沉着、优雅，并且成熟稳重。确保在得到你所向往的职位以前，你已经轻车熟路了。

　　你要工作认真、稳重成熟。

79. 为下一步做好准备

抱歉，你不能偷懒，现在你已是个法则实践者，必须坚定扮演好这个角色——没有假期、不能休息、不能中断，不能在中途停下脚步，喝着咖啡呆滞地凝视着墙壁。你必须埋头工作，像砂轮机一样不停地运转着。所以，你要把目光放在下一步、下一份工作。好，很好，那之后呢？你的下一步举措是什么？下一个目标又是什么呢？

即使你已经为下一阶段的升职做好准备，你仍然应该为另一个下一步做演练。如果你现在没有做好准备，什么时候才会做好准备？如果你能做好万全准备，机会总是会有例外的，破格升职也经常发生。我不是建议你以此为目标，但事先做好准备，就是以防万一。

当然，你应该制定长期和短期计划——第三部分法则——你可能已绘制出生涯发展的路径，而且清楚知道要步向璀璨旅程中的所有步骤。即使你现在让别人认定已为下一步做好准备——表现出领先一步的行为举止，正付诸行动，而且谈吐已像个主管，这也不会妨碍你下一步之后的演练。

让大家看见你是一个主管的料，并非坏事，一旦人们习惯把你当成是个有潜力的新秀，你就会成为有潜力的新秀。如果你衣着邋遢或言不及义，则无法提升你的分量；如果你的行为举止像个苦力或游手好闲的人，别人会认为你就是这种人——然后，把你放在你应该去的位置。

环顾整个办公室，你可以轻易找出哪些是苦力和游手好闲的人？哪些人在忙忙碌碌？以及辛苦付出和勤奋工作的人？请你再看一次，然后找出哪些人是有潜力的新秀、哪些是举足轻重的人、哪些人是干劲十足且生龙活虎的人？你可以看出他们之间的差异吗？你可以看出你必须要做什么事吗？你可以看出你要如何扮演想扮演的角色吗？你可以吗？可以吗？

不管你是否正为那一步做准备，你必须确保所做的每件事都是诚恳、真实和具有价值的。我曾经和一个有潜力的年轻新秀共事，他积极地为下一步作准备，他每天都神气地带着一个公文包上班，而其他同事都没有人这么做——因为没有必要。麻烦来了，有一天这个叫雷（Ray）的人，不小心把公文包掉落到地上，公文包内的东西散落一地，窘态就在众目睽睽下摊开，公文包装的只有三明治、一叠报纸和钥匙而已。这让他感到颜面扫地，每个人都感到难过。确保你的公文包装满该装的东西，以防类似的状况发生在你身上。

一旦人们习惯把你当成是个有潜力的新秀，你就会成为有潜力的新秀。

和蔼的法则实践者在公司的阶梯上快速攀升，因为他们处事圆融。他们不挑起争端，反而是平息争斗；他们保持中立，并尽量修补争论双方的关系；他们心平气和地对待周围的一切，因此其他人会向他们寻求建议和指点。你也将成为处事圆融的人，因为你对任何事情都能客观地评估，对人对事公正无偏见。

第八部分
培养交际技能

80. 在冲突时多发问

当你置身在一场会议中，议题的讨论越来越失去理性，董事长已无法控制场面，史蒂夫（Steve）和雷切尔（Rachael）再度互相叫嚣，这时你该怎么办？提出问题，让激辩双方转移注意力去留意一些细节，这很容易让快擦枪走火的情境缓和下来。你无须调和争论的双方——这不是你的工作，但你可以利用外交手腕化解冲突。这将让你引人注意，并赢得同事的尊重。

你把头转向史蒂夫并问："史蒂夫，你为什么如此确信你们部门会认为这些新发票流程不可行？"如果雷切尔还继续开炮，你就对她说："暂停一下，雷切尔，我们应该听听史蒂夫怎么解释。"你心里很清楚，不会偏袒任何一方，旨在缓和情势。当你听完史蒂夫的说明后再转向雷切尔说："为什么你那么有把握认为史蒂夫是错的？"

最有效率的做法就是由你接手扮演主席的角色，成为控制混乱的首领。这不只要具有外交手腕，也要反应灵敏。

提问总是可以缓解一触即发的紧张局势。你转向那群准备战斗的人之一，并向他们提出一个简单的问题，但不要陷入心理层面模糊不清说话的泥沼："你怎么会有这种感觉呢？""能把你的气愤给我说说吗？"而是要提出让他们专注在需要说明观点的问题上。这会迫使他们抛弃互相敌视的目光，去思考怎么回答你的问题，因此热源会逐渐冷却，你也因而表现出自己是一个处事圆融的人。

但如果激辩双方其中一个脸露青筋——脸红脖子粗时，你就别提出问题，因为这可能是他们即将失控要动手打人的前兆，脸红表示他们呼吸急促，而且下手会很用力。

如果会议主持人能有效控制场面，也不要提出问题——有激辩时才需要。如果场面并没有发生激辩的情况，说明大家可能正努力克制，此时如果你硬要扰乱会议进程，将会引发众怒。

如果你也成为争辩中的一分子，不管是如何牵连进去，也都不要提出问题。

提出问题通常会让人转移注意力，把争论不休的主题拉到细节

上。他们因别人不礼貌的对待而相当愤怒，而你的提问，则让他们的
心情可以平静下来，转为试着回答你的问题。

提问总是可以缓解一触即发的紧张局势。

81. 不要偏袒某一方

如果你偏袒某一方，你将卷入争辩、争论、争执中。你必须保持全然客观并坚定地站在中间。不论你怎么做，都必须保持中立，如果你无法做到中立，另一边的人就会把你视为他们的争辩方，也会对你加以指责。无论事态如何，你都要：

● 持长远发展的观点；

● 从公司的立场考虑；

● 保持不偏不倚；

● 处事圆融；

● 不要偏袒某一方；

● 保持中立。

当你碰到高层人员的机会越来越多时，你的表现更要超然公平。

如果你划地自限且偏袒某一方，那么除了要承受树立敌人的风险外，别人也会把你当成是墙头草。

困难的是，如果你某位朋友和另一位与你不那么友好的同事发生争吵时，你朋友一定会找上你，试着把你拉到他的一边："看在上帝的分上，理查德，告诉她我是对的，好吗？"

你没有必要随着你的朋友起舞，你可以举起双手进行防御，并说："不要把我牵连进去，如果你们无法理智地分出谁对谁错，并停止争执，我会把你们送回到自己的办公室去。"

此时你可以：

●开个玩笑以减缓紧张的气氛；

●表明你比他们职位更高；

●保持不被牵连；

●不要偏袒某一方。

不论你怎么做都必须保持中立，如果你无法做到中立，另一边的人就会把你视为他们的争辩方，也会对你加以指责。

你必须保持全然客观并坚定地站在中间。

82. 知道何时要保留观点

　　人们很容易对事物形成自己的观点，每个人都有自己的观点，一百个人就有一百种看法。麻烦的是，你必须知道什么时候要把观点藏于心底、什么时候要充分表达。大多数人都不知道何时该闭上嘴巴，这是因为他们自认为他们的观点：

　　● 具有价值；

　　● 拥有听众；

　　● 很重要；

　　● 能够与众不同；

　　● 让他们显得聪明/有智慧/具有影响力；

　　● 让他们赢得认同/被喜爱/被关注。

　　当然，这都是表达观点的错误理由，真正需要表达观点的唯一理由是你被要求说出观点。如果你已经被要求提供意见，自然要把你的想法说出来；如果没有被要求，就闭上嘴巴。

你应该条理清晰地把观点具体说出来，你必须有重点，而非一团乱地浪费你表达观点的机会，你也无须滔滔不绝，坐着高谈阔论，你要做的是：

- 当被问到时，已经准备好你的观点；
- 学习把观点清楚、精准、正确地表达；
- 总是让你的观点听起来不仅是一个意见，而是可以确实执行的解决方案。

真正需要表达观点的唯一理由是，你被要求说出观点。

要让你的观点听起来不像是纯粹的一种观点，而是一个可被接受的事实，你所表达的就像是事实一样。不要说："我认为我们应该……"要说："我们将会……"；不要说："根据我的看法，ZX300 是一部性能优良的设备。"要说："ZX300 是一部性能优良的设备。"

因此要避免：

- "我想……"
- "我觉得……"

● "我的看法是……"

真正需要表达观点的唯一理由是你被要求说出观点。

83. 懂得居中调停

当有人大发雷霆时，你不要牵扯进去，这都与你无关。但这并不是重点，你要试着把双方的情绪安抚下来：

● 帮他们泡一杯茶；

● 维护他们的自尊心；

● 保持空气清新；

● 消除他们之间的隔阂；

● 让他们握手言好（或和好）。

如果上司发怒是因为一个小职员，无论如何，你要对这个人好言相慰，让他高兴、情绪活跃，并且振作起来。而对上司的方式则相反，最好的方法是保持沉默，不要用不满的行动对他们晓以大义——为他们奉上一杯茶，什么话都别说。你要用无言暗示你的不认同——

对他们来说，你的行为就像一个上级，因为你不会犯类似的错误——这也表明你不害怕他们或畏惧他们的怒气，不管如何，你只是保持沉默。

如果你能把气氛缓和下来，他们也会不得不问你，你对他们炮轰、大吼或训诫小职员有何意见。这时你只需说："我不太适合发表意见，不是吗?"他们总是会回答："我很重视你的意见。"或"不，我很想知道你的看法。"或"说一说你的看法，好吗?"这时不管说什么都无关紧要，重要的是你已赢得他们的认同。

现在你已经可以安慰他们了，展示你的外交才能，进行协调了，也可以扭转局面，你只要说："你处理得很好，崔西（Trish）有点在状况外，需要有人提醒她一下。"不管你怎么做，千万不要直接批评上司处理事情的模式，让他们觉得你有不认同的想法，即使你心里有多么的不认同，也绝不亲口说出。

记住，你的工作不是惹麻烦，而是借他们的一臂之力。通过此种协调的模式，把对立的双方拉在一起，你会赢得友谊，并且进一步获得别人的敬重。

协调有点像阻止小孩之间的争吵一样，你不想知道谁先动手的

——不，你确实不知道——或争吵的内容是什么。你不必了解谁压谁、谁咬谁的细节，你要做的只是恢复和平，让他们双方握手言和，并回到友好的气氛。把给小孩劝架的方法运用到工作中去吧。

不管你怎么做，千万不要直接批评上司处理事情的模式，让他们觉得你有不认同的想法。

84. 不要发脾气

我不在乎销售部的皮特（Pete）多么令人讨厌；或研发部的桑德拉（Sandra）傲慢自大时你觉得多烦躁；或飙升的账单让你的血压升得有多高——无论置身在何种情境，你都不要发脾气。就是这样，没有特例，也绝不容许违反这个原则。总而言之，你就是不要让情绪失控。

除非你故意要这么做，为了戏剧效果，此时才允许你发脾气。但你必须非常小心，慎选正确时刻、场合，以及适当的对象。

但如果不是故意而为之，你就没有任何的理由。我不在乎他们把你惹得多愤怒，或他们多么令人讨厌，或你自认为自己的作为是多正当。不管如何，发脾气就代表你失去控制，而法则实践者的特点之一就是能自我控制。

那么，你要如何才能按兵不动呢？如何学习冷静，并且行为举止优雅呢？这很容易，抬起头来，把眼睛投向高空，不，要认真一点，把头抬高一点。当你牵涉其中、当你是问题的一部分、当你感到在乎，你才会有可能发脾气。如果你把焦点转移至更高的议题上——再次看看公司原来的优点——不管是什么，当你处在一个新的高度，让自己冷静下来、不发脾气就变得相当容易了。

另一种控制发脾气的方法也十分简单，就是离开办公室或会议室。只要说："我发现这种情况令人难以忍受。"抽离现场，这样会让人感到非常震惊，且通常也可以达到不让自己发脾气的目的。

当你想袖手旁观时，试着从 1 默数到 10。

不发脾气并不代表你不能发泄情绪。不管什么事，只要会让你濒临抓狂，你都有权利说："我觉得你太令人讨厌了，你不应该吃光巧克力饼干/弄丢发票/得罪重要客户/在主管停车位上停车/浮报零花钱。"

要拒绝情感贿赂，或不做出鲁莽行为，不横行霸道，但是不要忍气吞声。封闭情绪是不正常的，所以当你觉得深受委屈时，就立即说出来，以便你可以马上缓和情绪。不要让情绪累积成一股风暴，不然你可能会爆裂开来，要让情绪一点点地释放出来，这样就不会一直累积，以致一发不可收拾。

当你觉得深受委屈时，就立即说出来，以便你可以马上缓和情绪。

85. 不要做人身攻击

有损部门利益、给部门惹出麻烦或带来不利影响，这些都是个人的行为，而不是个人本身，这些不当行为不会对你造成困扰，只会影响到部门利益。美国父母在教育子女时，头脑中潜藏着的一个全新时代概念，这可以让他们很好地记住对事不对人。他们在教育子女时会说："她是个好女孩，只是有时会做些顽皮事。"或者"好孩子也会做错事。"

不过这种现象的确说明问题不在于个人，而是他们的行为，你绝不能做人身攻击。

你可以批评：

●他们做事情的方式；

●他们的时间观念及他们的工作态度；

● 他们的动机；

● 他们沟通的技巧；

● 他们的长期目标；

● 他们的兴趣爱好；

● 他们对办公室的知识；

● 他们对公司策略的正确认知；

● 他们的人际关系技巧；

● 他们的工作效率。

但你不会骂他们懒惰、愚昧、一无是处、欺骗、偷窃或骂他们是泼妇。是的，你不会这样骂他们。或许他们需要再训练、重新定位，再教育、给予新的指导、新的激励，但绝不要真的跑去告诉他们，你对他们的真实看法。从坏处想，做人身攻击会导致你的人际关系变差，并且失去别人对你的敬重和破坏彼此深厚的友谊。

对你的上司也要做到不做人身攻击。你可能会认为他们没有用、不能胜任工作、堕落而且愚蠢。但你可以对他直接说吗？不，即使是同事，也不要对他们说出你内心的真正感受。记得我们说过要维护和支持小职员、落水狗或任何其他有理想的人吗？是的，对你的上司也是如此。你总会替他们说好话——不论发生什么事。对他们及他们有关的人和事，你都能做到不做人身攻击。

从坏处想，做人身攻击会导致你的人际关系变差，并且失去别人对你的敬重和破坏彼此深厚的友谊。

86. 懂得平息别人的怒气

　　有时你可能会惹恼其他人。事实上，作为一个法则实践者，即使他们不知道你正在做些什么，他们也会感觉你冒犯了他们。如果你甩开别人脱颖而出，而且表现积极优秀，他们可能会试着不让你前进，也可能喜欢在你背后中伤你。你要如何消除他们的怒气呢？

　　首先，你必须了解怒气有两种类型：

　　●情有可原的愤怒；

　　●策略性的发怒。

　　"情有可原的怒气"精准一点来说就是——具有正当理由。你开车时因为没看到，不小心辗过他们的脚，他们发怒就是具有正当的理由。这时你该怎么做呢？你必须下车向他们道歉，说你很抱歉。不要否认你的错误，也不要告诉他们这根本没什么大不了，请他们不要小题大做，更不要说你也曾经遭受别人把整条腿压过，而你却从不曾在意。不要试着解释，你没有看到他们的脚。不要对整件事置之不理——"我本以为你的脚被阿斯顿·马丁（Aston Martin）名贵的跑车辗过，应该要感到很高兴。"看在上帝的分上，这不是什么好笑的笑话。

有正当理由的怒气需要合理的回应。如果你已经做错某些事，就要倾听他们的愤怒。你已经让他们如此生气，所以必须仔细倾听，你到底做错了什么，然后诚恳地向他们道歉，让事情可以拨乱反正。向别人展示你的同情心——你可能无法百分百满足他们的所求，但仍然可以让他们知道你能够体会他们的感受。不要对他们的情绪无动于衷——他们的怒气是有正当理由的。

而"策略性的愤怒"则完全是另一回事。战术运用上的愤怒是用来迫使你去做你不愿意做的事，他们通过发脾气来威吓你，若你让他们得逞，你将要去做一些最糟糕的事。如果你屈从，他们便会一而再，再而三，对你和其他人重施故技。你必须立即对他们喊停，方法就是简单地说："我不喜欢被人叫嚣/威胁/恐吓/欺负或其他，如果你不停止/冷静下来/放下你的拳头，我就要离开。"诸如此类。

　　如果他们继续如此，就马上掉头离开，就是这样，什么也不必多说，只要从房间走出来即可。经常这么做便足以让他们知道你想传达的信息。

**　　有正当理由的怒气需要合理的回应。**

87. 坚持自己的立场

任何人都没有权利欺侮你、威胁你，对你吼叫、打击你、嘲笑你、迫害你或折磨你。你只是一个员工，如果你无法做好分内的工作，应该把你带到一旁，平和且理性地指出你的错误，除此之外，都是一种侮辱。

你有权利可以拒绝这些侮辱，也有权利以平和而理性的态度请他们立即停止对你侮辱，否则你有法律作为后盾，有充分的权利让他们停止，你必须知道何时要坚持自己的立场。

很显然，如果他们只是温和地开个小玩笑——如同他们也会以同样的方式对待其他人一样——那么你不可能愤然夺门而出，并声称这是个不公平的对待。如果你的上司偶尔厉声斥责你——如同他对其他员工一样——那么你也无法请求欧盟人权法庭把他们绳之以法，即便他们的行为确有偏差。如果有同事对你说，如果你再捏他的耳朵，他会赏你一巴掌，你也不会当真让上议院受理你的案件。在这里，我们要讨论的是真正的侮辱，而不是你想象的那样忙碌喧嚣的职场生活中的打打闹闹。

坚持自己的立场要先设定标准，有如在泥沙上画一条界线，并说："我可以容忍的就是这些，除此之外，一律不行。"或"我可以允许他们对我做这些事，其他的都不行。"

坚持自己的立场，必须态度肯定，肯定代表已经明确说明你的底线：

● "我不喜欢被说成这样"；

● "我有被威胁的感觉，而且受到侮辱，所以我要离开这间房间"；

● "我无法理解你们把我关黑屋子的行为，我将向工会代表/老板/警方/健康与安全委员会/我妈报告这件事。"

如果被人欺侮，要坚持自己的立场，甚至加强口气——"遭受这种待遇我不理解；遭受这种待遇我不理解；遭受这种待遇我不理解。"但不要发脾气，否则他们会以为自己"赢"了，只要走开就好。

坚持自己的立场，必须态度肯定。

88. 客观处世

在工作中，如果你觉得受到陷害、被辱骂、被折磨，你可以有不同选择来解决这些问题：

- 离开；
- 汇报；
- 生气愤怒；
- 一句话也不吭；
- 暗中处理。

选择如何处理棘手局面，完全由你决定。不过，在作出反应之前，想想你的长期计划。不公平解雇或认定解雇对你的职业生涯安排会产生什么样的冲击？我并不是说为了出人头地，任何形式的辱骂和伤害你都应该忍耐。不，我并没这样说，我是说你对形势要保持客观。

　　我曾经被一个挑剔的上司嘲讽——大肆的嘲讽。这个人的脑袋已经先入为主地把我当成一颗让他玩的足球，只要他喜欢，无论什么时候都可以随意踢踢我——奇怪的是，常发生在他带有醉意的午餐之后。当时我还是一个小职员，选择不多——我要不辞职，要不就跳过他，向他的上司投诉。但他的上司也是他的死党，如果我直接向他的上司投诉，可能于事无补，甚至会无故地被解雇，而我需要这份工作，也不想主动离职。我必须迂回地处理这件事。有一次，当我们一位重要客户也可以清楚听见时，我设法让他对我的态度更加恶劣——嘲讽、辱骂等。

　　我的上司浑然不知当时这位重要客户也在场，但这位客户当场反应强烈，他挑出了上司失当和过激的措辞，说他应该为自己如此对待一名小职员感到羞耻。他怒气冲冲地松开领带，然后告诉我，如果再有这种事情发生就告诉他——他会抽掉订单转给别的公司。他和我们的生意往来，约占公司整体营业额的 70%。

　　我的上司被迫当着这位客户面前向我道歉，并保证他再也不敢无理取闹地对待我。我仍然对形势保持客观，等待机会。不久后，他再

度和其他人发生冲突，最后的下场就是被开除，我一边微笑，一边眨
眨眼，然后对他挥手说再见。

不过在作出反应之前，想想你的长期计划。

如果你想升职，最好要知道门路。第九部分法则教导你如何了解公司制度——让它完全为你所用。这部分法则可让你凌驾于管理阶层之上，因为你比他们更了解公司制度的运作。

第九部分

了解公司制度并从中获益

89. 知道办公室的潜规则

　　任何工作场所总有一大堆潜规则。这些潜规则可能很简单，只是"允许"谁可以使用电梯/食堂/洗手间/走廊/吸烟区等，或复杂到谁有权限可以握有小金库/复印机/文具柜的钥匙。我通常有办法知道这些职责是由谁负责。我曾工作过的某家公司，它的假日轮值表是由一名瑞士文翻译人员负责安排。为什么这个肥缺由她掌管？

　　大家想请假必须经过她的审查、登记，并且核准。但凭什么是她呢？每当我询问为什么核假都由她处理，答案是——这一直都是由她负责。这异乎寻常、愚蠢，而且真的很荒谬。我的假期应该是由我的上司核准才是，但我猜他十分高兴由这位翻译人员帮他分担肩膀上的"麻烦事"，这真是不可思议！

　　如果你在一家公司任职了一段时间，现在你应该已经熟知类似的潜规则。如果你还是新人，这些潜规则还等着你——去了解。好的，如果你已经知道这些潜规则，但它们对你有什么用处呢？很简单，这有点像是过去的工会——按照管理者从不了解或不懂的抽象守则进行运作，如果你能够了解这些潜规则，就可以运用策略去战胜他人。

如果你能够了解这些潜规则，就可以运用策略去战胜他人。

过去，我上班的某家公司有个潜规则，最小职员每天早上必须为最资深的主管泡一杯咖啡，而且还要等主管喝完后再把杯子收走。这不是"强制"要那个小职员做这件事，只是大家都这么"期许"。我就是那个小职员，每天约有 5 分钟可以和公司最高主管单独相处。我竖起耳朵，并接近公司的一把手。正如你们所想的，我很好地抓住了这个机会。

我设法让我的部门主管被转调到其他单位，他一直不得人心，我只不过在高层主管面前提到他具有某些专业技能，可惜无法在我们部门施展，但在新的部门却可以人尽其才。于是他就被调走了。

如果你能够了解这些潜规则，就可以运用策略去智胜他人。

90. 知道如何称呼每个人

是的，你应该知道如何称呼每个人，但这不代表你要立刻用你知道的称呼去称呼他们。我相信卡特勒先生（Mr Cutler）早就把我忘掉，我是他多年前的助理。当时他要转换工作跑道，他打电话给我，邀我和他一起加入新公司——可以赚更多的钱——我说好。

当我和他一起到新公司上任的第一天，他告诉我："叫我卡特勒先生。"这是不可能的，在旧公司我都叫他彼得（Peter）。到了新公司，我还是继续称呼他彼得。但并不是所有人都这么做，新公司有多名助理，他们必须知道新主管是卡特勒先生，这也是他们对他的称呼，因为他希望他们都如此称呼他。我一直在等待适当时机，直到所有人聚集在一起，然后我叫他彼得。

他不可能当着所有同事面前阻止我称呼他彼得，于是同事会想，我有秘密渠道可以接近主管，这是他们做不到的。对我而言，卡特勒先生这个称呼不具任何意义，我也不曾使用。因为我都称呼他彼得，所以我成为了"资深"的助理。一个名称会有什么含意？多得很呢！

你必须知道大家都称呼会计部的罗伯逊太太为罗伯逊太太（Mrs Robertson），而不是玛莉（Mary），即便你比她资深，也知道她的名字叫玛莉，你还是会称她为罗伯逊太太。为什么不能直接叫她玛莉？因为她不喜欢，而且她的工作是负责发放薪水支票。大家都知道那些不小心叫她玛莉的人，如果自己旷工、迟到，那么收到玛莉开出的比预期少很多的工资。

有一次，我的工作需要和一个被叫作巴克特汉德的管理部经理共事。这个故事说来话长，你不会真的想要知道（因为他长得酷似巴克特汉德）。对所有上级而言，包括我这名财务经理在内，巴克特汉德这个名称就挂在他的脸上。董事会的人称他巴克特汉德，多数的秘书人员也叫他巴克特汉德，但其他人则称他泰勒先生（Mr Taylor），不会直呼他巴克特汉德。我曾经见过他炮轰一个不小心称呼他巴克特汉德的小职员。为什么会奇怪的分成两边——一边能称呼他巴克特汉德，而另一边不可以？我也不明究竟，不过我和他的关系非常微妙。

严格来说，他的职务略高于我。在那段合作的日子，我渴望得到权力和控制一切，我不曾昵称他为巴克特汉德，因为我不喜欢他，对我而言，他永远只是泰勒先生。为什么？因为这样我可以和他保持距离，也让我和其他高级经理有所不同。我保持孤立，而巴克特汉德也无法接近我，我们不曾是"朋友"。我玩起冷漠、疏远的游戏，最后我当上公司的总经理，这样他的职位就比我低。成功吗？是的，但这个胜利对我毫无意义——当时我没有像现在一样有效应用法则。后来我离职接受新的挑战，去开拓新的领域。

你应该知道如何称呼每个人，但这不代表你要立刻用你知道的称呼去称呼他们。

91. 知道何时晚走、何时早到

公司里有条潜规则，如果你想升职，必须在公司待到很晚，因为其他人也都忙到很晚。"工蚁"都要忙到很晚，作为法则实践者，想回家时就回家——而且永远比别人早下班。

同样的，每天早上上班也不必比别人早到很久。谁说过你要早早来上班呢？没有，这也是我们必须知道的潜规则之一，我们可以多加利用来达成我们的目的。

早到晚走的目的是让别人认为，我们和其他人一样都在努力工作。这样做只会让你给人留下"你是一个循规蹈矩或混日子的人"的印象，实际上，你没必要这样，因为你的工作已经做得非常好了。你在规定的时间内完成分内工作，所以不必加班。

如果你听过那些激情四射的演说者的演讲，你会注意到，当他们向你或其他听众问问题时——他们总会先举起自己的手。这是建立榜样，因为房间已经有人先举手，于是你也会自动举起你的手。很笨吧，对不对？但只要有人在合理的时间下班，其他人就会跟随。如果你猜想因为其他人都会待到很晚，你也跟着加班到很晚，我们称这种行为为"勉强上班"（presenteeism）。这是现代办公室的一种通病，我们都以为其他人在观察我们，就像我们也在观察其他人一样，看谁会先打破现况、先离开、招惹主管生气。

无论如何，这是个虚幻的神话，第一个离开办公室的人并不会丧失任何东西，反而他同时解放其他人。拜托，准时下班，让大家自由。

害怕损失某些东西的恐慌感是真实的，但如果我们过着兴奋而且有趣的生活，我们会明白自己才是宇宙的中心，而那些活在别人身后的人才会错失良机。

人们认为早离开——或在正常时间下班——会引来怪异的目光，让我们看起来像是在逃避责任或是个喜欢计较的人。但如果我们充满自信而且态度诚恳的离开，这种事就不会发生。当我们比别人早离开，而且还偷偷摸摸由后门摸黑夹着尾巴潜逃时，就会被看成是糟糕的举动。所以大胆地挥手道别，并且告诉他们："最晚离开的要记得关灯。"你别管这么做是否妥当，因为你简简单单的这句话可能指出了他们工作的无能，不然他们也会像你一样按时完成工作准时下班。当然，你可以这么认为。

你在规定的时间内完成分内工作，所以不必加班。

92. 区分偷窃和揩油

　　那么，什么办公用品你可以带回家呢？钢笔？回形针？订书机？什么时候是揩油？什么时候算是偷窃？你应该知道这些规矩，如果你想对某个人作出威胁，就会用到——有人会自认为带东西回家没什么大不了，实际上却犯了盗窃罪。注意看看他们带什么东西回家，并记在心里，以后可能会有用到的时候，而你，当然，你什么也不要带，这样才不会有机会给人家抓住把柄。

　　据我所知，曾发生过整个部门的员工被解雇，因为新任部门主管脑袋突然闪过一个念头，他们部门的全体人员都犯了重大的盗窃罪，因为他们把公司电脑使用的软件复制回家。他们的家用电脑都安装了最新的 Windows、Word 和 Outlook Express 软件，但是这给他们带来的最大的"好处"是，他们必须在解雇书上签字。

　　这算偷窃吗？好像是无关紧要的小事吧，但却导致全体人员遭到公司解雇。如果他们当中有人知道不可以做这种事，或打听一下新主管的想法，或许他们还可以继续留在公司上班。

　　在你开始塞满口袋之前，先确定这么做是值得的。那些钢笔的吸引力真的有那么大吗？在你找到下一份新工作以前，不管这段时间是长是短，你能靠销售这些廉价钢笔养家活口吗？

　　之前，我们讨论过办公室的潜规则，有可能是公司默许你可以把东西带回家，当成额外补贴。如果你选择不拿，要确保不会被其他人贴上"老师的乖乖牌"、"伪善者"或其他任何导致你被排斥的标签。你必须融入并成为团队的一分子，即使你不偷拿任何东西。让你的上司知道你不会，但让你的同事认为你跟他们一样。

　　留意免费使用的公司电话和网络连接。这些东西的限制可能让你无法带回家使用，但如果你未经允许而使用公司的电话作私人用途（最经常发生的是偷打长途电话），也算是一种偷窃行为。有很大机会，公司会进行电话及网络监控，所以不要做这种事。

　　虚报费用可能是办公室问题的一部分，即使你没做，但是其他人可能会做，所以你该怎么办呢？在上司面前，你个人必须诚实，但你绝不能打同事的小报告。问一下其他人的意见？打电话给你的朋友？
这么做好像是两害相权取其轻，对你的同事比较没有伤害。但现在你
已是一个法则实践者，不能宽恕自己做出这种形同打小报告的事。最
好的方法是，事先告知同事，他们可以做他们喜欢的或想要做的事，
但你绝不参与不法的行为。事先警告他们，如果他们仍然一意孤行，
出了问题他们可不能怪罪于你。

在你开始塞满口袋之前，先确定这么做是值得的。

93. 识别重要人物

我曾犯下一个很严重的错误——嗯，或许我曾犯过很多错误，但这个错误关系重大，因此深深地印在我脑海里。我曾替某家公司工作，公司有一个维修人员，每天下班时，我们会在维修登记簿上记下需要请他帮忙处理的所有事项，例如，换灯管、清理阻塞的洗手间或修理毁坏的椅子等，维修人员哈利（Harry），会依照登记簿上的记录完成工作。我们有两间办公室，我常发觉哈利花在另一间办公室的时间比较多，甚至发现，有时候哈利根本都不出现在我们的办公室。

我在维修登记簿上的留言变得越来越精简和尖锐，但无济于事。我曾经亲自以开玩笑的口吻问哈利，到底在哪里可以找到他，一般都是我们下班后他才进公司，然后利用晚上做好他的维修工作。当另一间办公室的维修全做好时，我们办公室的维修工作却毫无进展，这真令人难以忍受。有一天晚上，我决定留下来等待哈利，向他问个清楚。

　　但哈利并没有出现，因此，我走到另一间办公室去找他。哈利正和我的大老板——区域总经理——一起喝咖啡，我火冒三丈地脱口而出："到底搞什么鬼，你以为你在做什么？你的工作是要到办公室去做维修，而不是坐在这里喝咖啡。"这是严重的错误，而且极度严重：

　　●当别人在吃茶点的休息时间喝咖啡时，你不能大声训斥他们；

　　●当区域经理邀请某人喝咖啡时，你不该大声训斥；

　　●你不能在区域总经理面前大声训斥别人，却不曾事先调查清楚他们之间是否有特殊的关系；

　　●做事要有分寸——必须通过适当的渠道，而不要暗中等候出了差错的员工；

　　●要始终识别出重要人物——在这个例子里，就是哈利。

　　为什么哈利重要呢？因为他是区域总经理的岳父，他拥有我梦寐以求的关系、权力和影响力。他正在另一间办公室工作，因为那是他女婿告诉他的。正如我所说的，这真是个严重的错误。

　　在我工作过的公司中，我发现许多有重要价值的人竟是出纳人员、总经理的司机、会计和食堂的主厨。相同的，我们要花些时间把这些人辨识出来。他们手上全都握有一些王牌，不管他们的王牌是有机会可以接近高层主管，或因为他们是高层主管的亲戚。找出他们，认识他们，是百利而无一害的。

**　　为什么哈利重要呢？因为他是区域总经理的岳父。**

94. 博得重要人物的好感

你认为我对哈利发完脾气后，要如何与他和睦相处呢？自此我们的关系比以前恶化了。你认为我有办法可以改善我们恶劣的关系吗？没办法，现在没有，以后也不可能有。显而易见，辨认出重要人物并且博取他们的好感，应该是同步并行的。

我曾经和一名审计人员合作过，他做事追求完美，你知道我指的是什么，就是吹毛求疵。所有事情都必须有清楚的书面记录，甚至每个 i 的上面一点，以及 t 的上面一横，都必须清清楚楚。他有办法把像匈奴王一般野蛮的人，磨到温驯如鹿，但这个人的重要价值不仅因为他是审计人员，更因为他所拥有的关系远超过他所扮演的会计人员角色。就是这号人物，高层人员会接受、聆听、征询他的建议，不但不敢反对，甚至还有点畏惧他，他们把他当成王室成员般毕恭毕敬。

　　我不曾弄清楚他为什么能拥有这么大的影响力，可是我必须和他合作，一旦我已经知道他是重要人物时，我就必须博得他的好感。那时候，我还不善于此道。身为财务经理，我的部门经常处在他的严密监督之下。

　　一路配合下来，我的每项措施都让他感到混乱不已，我们根本没有交集。他是个会计人员，我则是个财务经理——当中对事情的看法有相当大的差异。我的职责是建立一套安全系统，可以改善现金流量、降低成本，并且强化所有的财务流程；而他的任务是审核每一分、每一毫。

　　某个星期六清晨，我带着小孩到社区附近一个跳蚤市场闲逛，当时已是初秋，微微秋风让人感到丝丝凉意，因此我买了一条学院派款式的围巾。你知道的，就是有条纹、黑色底、很传统的那一种。星期一，我就围着它进公司。当我在走廊上碰到这个审计人员时，"嘿！"他叫住我："我不知道你原来也是曼彻斯特大学的，很好。"然后他就走开了。

　　对他的话，我根本摸不着头绪，直到我明白那条围巾是曼彻斯特大学的围巾之后，才了解了他的意思，那个审计人员是从曼彻斯特大学毕业的（但我没有上过这所大学，也从不曾读过大学）。自此以后，他开始接受我，把我当成自己人，成为他的好友、老校友。当然，我们的合作就再没有出现问题。

这是一个意外。从这件事发生以后，我会精心制造这种意外，以博得这些具有重要价值、影响力人物的好感。这些人都拥有和他们职位或工作不相符的重要关系。

有一群人你应该密切注意——他们通常拥有我们无法理解的重要关系——包括：司机、审计人员、公关人员、人事管理人员、采购人员，公司元老，外部顾问、总代理、出纳人员，外聘员工，当然还有维修工！

这些人都拥有和他们职位或工作不相符的重要关系。

95. 精通新的管理技巧

你不能对既有的成就感到满足，而开始想休息、放轻松。你不能稍有停顿，因为当你想要停下来，后面就会有人加快脚步迎头赶上你。

你必须与时俱进，也就是说，你要跟上最新的管理技巧、专业知识，以及当下高层管理者所关注的最新议题。为了能维持站在金字塔顶端的优势，你必须知道当下流行谈论的管理议题是什么。当大部分人已在谈论"人力资源管理"时，你却还在谈"人事管理"，这一点用处也没有。如果董事会都集中聚焦在核心客户的商业流程或其他时，你仍然死抱着运筹系统，你就会被当成傻瓜。

我并不是建议你必须使用所有的新管理技巧，但最好要知道和熟悉，以便你可以在团队中保持名列前茅——因为你有可能会被问到。"在会议中，玩宾戈术语的游戏可以为你带来许多乐趣——当你听到任何一个可笑的术语时，就奖励自己一分，当搜集到 10 分，就可以准备散会喊"宾戈"，它可以使你保持清醒，不会在会议中想打瞌睡。

你当然也会听到许多奇妙的和没有用处的表达性用语——例如，"蓝天：真正的含意是什么？"在会议中，当有人说："我们应该给这个产品一个'蓝天'。"这可能代表："每件事情都需要勇于尝试、具有创造性，不应自我设限。"也可能代表："我们是术语一族，让别人听起来很酷，但实际上却让人觉得相当愚蠢。"

如果你想引用术语，且试着让自己看起来不会那么愚蠢时，那你最好要知道所说的术语的全部含义。

你还应该知道所有最新的管理学科，以及这些学科给你带来的影响。当你在谈论管理技巧时，不要让人家听起来有过时的感觉。举例而言，在我的那个时代，我们说"运筹管理"，但现在则说"供应链管理"——而当你读这本书时，我希望它可以会为你衍生出其他的管理思维。

你应该知道每个术语的优缺点，当它们突然出现时，你就有机会可以好好表现一番。说起来，应该要有一本教大家如何吹嘘管理知识的指南，但我不认为市面上会有这类书籍。所以，你得在自己的工作生活中，学习这些管理用语，把眼光放长远。因为一天的工作结束时，新的区域范围可能会出现，而你的核心业务也将因此而受到影响。如果你不利用储存的知识，不开始创造性地思考，那么，你将被所发生的一切蒙在鼓里。相反地，如果你能擦亮双眼，敏锐地捕捉到这些变化，那么，不需要什么小手段，你将能加入权力核心，成为广受欢迎的人物。所以，尽量精通新的管理技巧，但底线是要保证管理质量。

如果你想引用术语，且试着让自己看起来不那么愚蠢时，你最好要知道所说的术语的全部含义。

96. 了解事件背后的潜在意图

当你的上司对你说，他想改善顾客关系，所以要送你们去上一堂如何微笑的培训课时，你们可别被他愚弄了。微笑和客户关系根本没有任何直接的关联。他是说当他来评价你们的工作时，他希望看到你们精神焕发、精力充沛、激情四射。

所以你们离开工作岗位去上那些课程，并且努力吸收全部的内容，然后在工作上落实你的微笑。为了什么呢？其实不管你是否对客户微笑，这并不是上司在乎的。他们所要的是在他们评价你们的工作时，能发现你们的闪光点。

这类明修栈道，实际却暗渡陈仓的事件，在职场上发生的次数远比我们所能想到的还要多。曾经，我自愿在每个星期一到大学去修一门有关工资表和复式记账簿记的课程，上司认为我具有求知欲、上进心，还很有热忱。废话，我渴望每个星期一都能离开办公室，因为这一天我们必须处理文件的归档，而这正是我讨厌的工作之一，到大学去修课，正是上佳的脱身之道。

质疑每个人和每件事的意图，并不代表你必须变成偏执的妄想狂。没有人会特意怀疑你的意图不纯正。你必须仔细观察，才能找出事情背后的意图。或许不管别人的意图是什么，对你都没有影响，但发掘背后的真相是一件有趣的事。

我曾经在一个上司底下工作，他总喜欢最后一个离开公司，我以为他很有责任心，而且勤奋工作。但就在他因诈欺被逮捕时，我才赫然意识到他之所以留到那么晚，其实是等其他人下班后，他才有机会窜改公司的账目，而我这个年轻小伙子再也不会欣赏他的热忱和敬业精神了。

凡事总要问：

●为什么会发生这件事？

●我是否错失什么事了？

●谁可以从这件事中获得好处？

●他们如何获得好处？

●还会发生什么事呢？

●我也能从中获得好处吗？

●如何受益？

正如我所说的，不要变成偏执的妄想狂，而是去发现事实。

不要变成偏执的妄想狂，而是去发现事实。

97. 知道谁是红人，并和他们建立友谊

每个上司都会偏爱某个人，那个人就是他们的爱将。我知道他们（或我们）不应该有所偏爱，但这就是人的本性。本来就是如此，因为我们（或他们）都是人类，即使为人父母，也会偏爱某个子女，尽管他们不肯承认。

这个法则包含两部分：

●如果偏爱现象持续存在——这是一定的——要确保你就是上司的爱将；

●确保你知道所有部门主管的爱将是谁。

如果你的上司会偏爱某些人，你可以对这样的体制提出抗议，或把你变成上司偏爱的人。如果你已经成为上司偏爱的人，老天爷呀！你千万不要在同事之间炫耀，你要自我节制并加以否认，要谦逊且绝

不承认，谨慎并假装没有这一回事。

　　想得到偏爱依靠的是技巧、气质、感召力、才能、专业知识、经验、好感度、魅力、个人的亲和力等，绝不是单靠奉承讨好、摇尾乞怜、逢迎谄媚、溜须拍马、死缠烂打或对上司尽说些好话就可以达到。你必须凭本事成为上司的偏爱对象，而不是千方百计地博取偏爱。如果你为了得到偏爱而挖空心思，你将会被同事嫌弃。如果你确实是因为本身的值得信任、能力、效率或诚实而得到上司的偏爱，那你的同事也将无话可说。

　　找出其他部门得宠的人应是一件相当容易的事，他们跟你一样，受到较好的礼遇，他们可以：

　　●优先挑选假日轮值的时段；

　　●被信任，成为上司的知己密友；

　　●受邀列席会议；

　　●会委以重任和获得额外报酬；

　　●上司会和他们闲聊，而不是冲着他们大呼小叫。

　　一旦把这些人辨认出来后，要和他们建立友谊。这样，你将拥有其他部门主管的耳目，可以知道公司正在发生什么事情，并成为精英团队的一分子。从另一方面而言，如果你无法认同这种偏爱的做法，就不要这么做。

你必须凭本事成为上司的偏爱对象，而不是千方百计地博取偏爱。

98. 知道公司的宗旨

过去，公司的宗旨可能是："尽可能赚更多的钱，以满足我们的股东。"但现在已经不再是如此，这种宗旨变得更复杂。如果你想让自己的职业生涯更成功，你必须知道和了解公司的宗旨——从中为你所用。如果你行事处世始终站在公司一边，那么你引述公司宗旨将为你加分。但如果你的上司对公司的宗旨不屑一顾，或他认为都是废话连篇，不值得在上面多花心思时，你不妨对公司的宗旨保持静默或加以忽视。

想了解公司宗旨通常十分容易——迪斯尼是："带给人们欢乐"；沃尔玛是："让普罗大众可以买到和有钱人相同东西的机会"——但要确实了解公司宗旨，你必须读完这一小段文字。例如，迪斯尼的宗旨十分简单，但却蕴含众多深意，因为公司宗旨也涵盖"价值的陈述"：

- ●不愤世嫉俗；

- ●创意、美梦和想象力；

- ●热切关注协调和细节；

- ●维持和掌控迪斯尼"神奇的魔力"。

如果你不能从公司宗旨中找出这些内涵——假设你是迪斯尼的员工——不懂得从中获取自己的好处，那你就不能自称是法则实践者。想象一下，你能够从这些陈述中获得多少乐趣。想象一下，你在刚才的会议中引用这些陈述时，可以发挥多大的影响力。你不喜欢和不认同别人的想法时，只要说他们的想法不符合公司宗旨，多聪明啊！这有点像西班牙宗教法庭一样——在我们为数众多各式武器中……这将是我们的主力武器……

有些历史性的公司宗旨非常伟大，并且可以稳操胜券地从中找到我们想要的好处：

- ●福特（20世纪早期）——福特将使汽车大众化；

- ●索尼（20世纪50年代早期）——成为全球最知名的企业，扭转全球认定日本货为低品质的恶劣形象；

●波音（1950 年）——成为商用飞机的主导厂商，并带领全球迈向喷气机时代；

●沃尔玛（1990 年）——在 2000 年成为销售额达 1 250 亿美元的公司。

如果你行事处世始终站在公司一边，那么你引述公司宗旨将为你加分。

如果当前有一个升职机会，共有 5 个可能的人选，你要如何把他们辨认出来呢？然后，你又如何让自己成为脱颖而出的候选者呢？第十部分的法则，要教你如何找出竞争者——你的对手。然后，这部分法则也会教你，在不用耍手段和心机用尽的情况下，如何让自己成为受欢迎的人物。事实上，如果你真的能够精通这部分法则，你将会得到别人的推荐，他们甚至期望你可以获得升职，成为他们的上司。

第十部分
应付竞争对手

99. 找出竞争对手

倘若有一个升职机会，非常符合你的长期计划，这是一个绝佳的时间点和机会，因此你很想往前跨一步争取这个位置。但问题是你不是唯一的候选人，还需要把其他竞争选手纳入考虑——当然，他们也有可能被公司淘汰。显然，所有的晋升机会都有两种候选人：

● 内部候选人；

● 外部候选人。

内部候选人指的是同部门的同事、别的部门和分公司的员工，以及其他专业背景的员工。如果是同部门的同事，你就能够充分掌握谁对这次升职有兴趣；若要找出其他部门的员工，便需要借助你平日累积的资源——在每个部门，你应该利用部门主管的爱将作为耳目（参考法则 97）。至于想找出其他分公司的员工就稍具挑战，所以你应该运用所有可获得信息的管道（参考法则 52）。真正的考验是要找出其他专业的候选人。一般而言，直到他们突然出现在面试场合之前，你对他们根本毫无所悉。20 世纪 70 年代早期，我在美国运通公司工作。有一次，我有机会名列晋升部门主管的候选名单中，我已经设法消除同部门的潜在竞争者，也通过渠道得知其他部门和分公司的对手——据说没有人会与我竞争——我顿时松了一口气，觉得应该可以"安全过关"。神奇的是，突然间一个新的候选人，他的专业与这一职务既独立但又相关。我是一个会计人员，而这个人却来自安全部门。安全部？我问你，他们如何懂得会计管理？不过，高层人员却认为他可以应付，因此，让他坐上会计部主管一职，而我却意外中箭落马。这一切事前根本毫无征兆，我也奈何不得，但我保证不会让这种状况再度发生。

来自公司外部的候选人则更难处理，因为你无法得知谁将提出申请，但你可以：

● 在刊登招聘广告之前，先打听一下应聘条件，这样有助于你对应聘条件有一个清楚的概念；

● 利用你的社会关系，尽量找出外部候选人的应聘名单；

●利用你的社会关系，找出谁将参加面试，从而了解你要面对什么样的竞争对手。

记住，知道得越多会让你更有优势，或许你不喜欢你所找出来和发现的竞争对手，但至少你能清楚谁是自己的竞争对手。

利用你的社会关系，找出谁将参加面试，从而了解你要面对什么样的竞争对手。

100. 仔细研究竞争对手

如果即将得到一个升职机会，但却有一大群竞争对手，你必须判断、了解并充分掌握这个职位所要求的条件。你必须量身塑造自己的形象、职务申请，以及面试的技巧，直至你能完全符合理想候选人的要求，你也必须留意竞争对手会有什么行动。如果这是一个电脑销售部门的主管职缺，你应该知道自己具备：

- 丰富的销售经验；
- 熟悉电脑产品；
- 管理其他员工的经验不足。

现在，我们要先找出你的竞争对手，假设现在有两个可能的候选人：

- 托尼：有丰富的产品知识和管理经验，但对销售完全没有经验；

　　●桑德拉：销售技巧非凡，也有卓越的管理经验，但对产品则一窍不通。

　　最佳人选会是谁呢？这完全取决于管理层的需求，或者他们认为他们需要找什么样的人。客观而言，这个职缺最佳人选显然必须具备三项技能——销售经验、产品知识和管理能力。三项技能中你只具备其中两项——和其他两名候选人一样。但哪一项才是高层人员最看重的呢？你必须小心调查清楚：

　　●仔细研读职务说明；

　　●向坐过/正坐在这个职位的前辈请教；

　　●访查管理阶层的想法。

　　如果这份工作重视的刚好是你所拥有的两项技能之一，那你已排除了一个竞争对手，现在只剩下两匹马在竞赛。但如果要求的技能焦点是第三项——管理能力——是你比较弱的一个领域，那么在这种情况下，你必须设法把焦点转移到你所具备的技能和经验上。在面试过程中，你可以找出诸多好理由，来证明为什么你所欠缺的经验并不会减损你的价值——你可以从谈论产品开始，阐述产品知识是这份工作的本质，和产品未来的潜力；之后你要说明销售的重要性，以及这个部门的生存与否，全靠销售业绩好坏而定。

以上只是列举一个简单的例子，现实世界想必更加错综复杂，到时你要懂得举一反三，加以应付。

最佳人选会是谁呢？这完全取决于管理层的需求。

101. 绝不暗箭伤人

有一件事情你绝不能做，就是在竞聘途中暗箭伤人，你也不能运用非法手段，企图把竞争对手拉倒。但赞美自己的才华和技能，突显自己的专长，并含蓄地暗示竞争对手的弱点，借此影响管理阶层筛选人才的想法则是被允许的。你可以用暗示、建议或影射，但你不能公开且坦白地指出为什么你认为竞争对手一无是处。你要明白他们无法获得升职的原因，是管理阶层把焦点放在你有多卓越，而非你指出竞争对手有多糟糕。

以下是你不能做的事：

●说竞争对手的坏话；

●暗中诋毁竞争对手；

●批评任何人（参考第四部分法则）；

●说其他竞争者的谎话（参考法则 48）；

●泄露会影响公平竞争和让对手落选的机密信息；

●偷窃或用不正当的方法取得信息；

●窥视、刺探或监视对方。

这些事是你一定不可以做的，那你可以做些什么呢？你可以：

●运用所有社会关系，调查竞争对手的实力；

●针对管理阶层的人选要求，强化自己的特点；

●谈论自己的优点，突显自己拥有而竞争对手没有的技能和经验——你不要明说他们缺乏什么，你要确保管理阶层知道你拥有什么；

●灌输管理阶层想知道但不知道的技能，而且也是竞争对手所不懂的。

你不能运用非法手段，企图把竞争对手拉倒。

102. 了解升职心理学

假设公司内部有个职位空缺，而你也很向往这份工作，因为它符合你的职业规划，也可以获得加薪。你具备相关的专业知识、经验和能力，因而希望申请这个职位。一切似乎都那么完美。那么接下来要确认什么呢？以及有什么判断标准可以运用呢？

你认为职位 x 是一个空缺，因此，某人 Y 将填补这个空缺，只要他符合这个职位所需的条件。但是符合这一职位所需要的条件是什么呢？噢，我知道你会说它们是：

- ●经验；
- ●能力；
- ●专长。

这就是你为什么想要申请这个空缺的原因，因为你认为自己是一个完美的候选人。我想恐怕这并非完全是事实的真相，有些事情比你知道的要复杂许多。例如，这个空缺的背后一定比招聘广告复杂，因为：

●总公司认为要尽快递补这个空缺，但你的上司却暂时不想招人；

●你的上司已经通过非正式渠道找到合适的人选——原来他早就私底下四处打听和寻觅自己心目中的适当人选；

●这个职位最终会被取消，目前只是暂时先找人来填补空缺，但6个月后就会遭到解雇；

●你所有的准备和演练都是在浪费时间——虽然坐这个职位的人已经递出辞呈，但公司会在最后一分钟设法挽留，并调高薪水来留住他；

●这只不过是为了要开除某人所摆下的陷阱而已，他们把职位给予这个完全不胜任的人，再以无法胜任为理由将他开除；

●这个空缺实际上是酬庸主管的爱将/情人/朋友/亲戚。

试着找出这些背后的可能想法，并不是希望让你成为偏执狂，不管在台面上你是一个多么适当的人选，但仍然有一百万个理由可以说明为什么你无法中选，也可能有一百万个理由说明为什么你不应该应聘。你必须知道这些情况，研究空缺背后的升职心理学，因为很多时候，情况并非如表面或想象那样的单纯。

研究空缺背后的升职心理学，因为很多时候，情况并非如表面或想象那样的单纯。

103. 不要多言多语

或许，一下有关你的这些事，你对别人只字不提才是明智之举：

● 你打算申请公司内部的一个新职务；

● 你打算申请公司外部的一个新工作；

● 你想离开公司（想辞职）；

● 你想要求加薪；

● 你想调换工作的进度表；

● 你是一名法则实践者。

不要向别人漏泄你正在做什么事情，否则，别人会认为你在炫耀自己做的事——法则实践者不会对任何事情进行自我夸耀，我们都应保持谦逊——否则可能会演变成闲话。我们都知道不要说闲话这个法则，是吧！事实上，纵使你只告诉一个人，事情也会很快地被传播到每一个角落，他们会告诉他们的亲近朋友，他们亲近的朋友又会告诉他们的亲近朋友……一传十，十传百，直到你被叫到上司面前，质问你为什么要在下星期一申请离职，其实你只不过是在超市，和苏珊（Susan）提过你在思考这件事而已。如果你把心里所想的事情泄漏出去，可能变成：

- 玩传话游戏；
- 其他人可能会趁机利用谣言或传闻打击你；
- 给竞争对手开创一个不公平的优势；
- 给管理阶层发出他们现阶段并不知道的信息。

甚至不要让自己有大声说出自己想法的权利，保持警惕在心，你就不会走失方向。你打算做什么完全由你自行定夺，如果你需要资料，当有人问你为什么需要这些资料时，就随便编个完全虚构的借口吧。不，这不是说谎，你只是抛下误导的线索给他们。不要说谎，但你可以谨慎、迂迴、创新地设下假目标。

如果有人直接问你，是否正在考虑申请某一特定职务时，你可以一副不在意地回答："是呀，经常都想申请。"这代表有申请还是没有申请呢？记住，不要说谎，不要直接说："没有。"这显然不是事实，当你提出申请时，谎言便会被拆穿。

**甚至不要让自己有大声说出自己想法的权利，保持
警惕在心，你就不会走失方向。**

104. 保持敏锐

如果你不知道公司正在发生什么事，如何能够根据情报作出明智的决策，或调整你的职业生涯规划呢？这可能就像你想得到一个职位，却有人提出申请一样的简单，如果他们都比你更有经验、更有资格、有更多的专业知识和技能时，可能你会明智地撤回申请。如果你不这么做，有可能会面临失败——法则实践者一直都稳操胜券。

现在，你不想有闲话，只想了解公司的确切情况。你不想通过和别人聊八卦、说是非，或无所事事不工作进行闲聊，但却想知道公司眼下正在发生的事。因此，你可以这么做：

●运用你的社会关系获得其他部门的信息；

●注意会议记录，这可能会让你感到惊喜，因为在会议记录的字里行间中，你可以获得诸多信息；

●观察和聆听"不可告人的目的",他们的言行可能是为了掩人耳目;

●培养办公室的心腹,你会发现他们就是有办法知道别人所不知道的事情——你必须让他们把情况告诉你;

●密切关注媒体上发布的信息,像商业新闻在未告知普通职员之前,你可能已经从相关媒体上泄露出的信息中获得一点消息——如:新的合并者、购并事宜、竞争公司的合并案,所有这些有用的片面信息,都能让你领先你的同事和竞争对手。

许多人在工作上无法有所进展的真正原因,是因为他们花太多时间在做自己的工作。你必须不时抬起头来环视四周,你可能会发现羊群已经往前移动,而当时你正忙于低头吃草呢。而你现在孤身一人,早被忘到九霄云外。

许多人在工作上无法有所进展的真正原因,是他们花太多时间在做自己的工作。

105. 让竞争对手看似不可取代

我们已经讨论过为什么绝不能纵容你暗箭伤人（参照法则 101：绝不暗箭伤人），而且你也知道不能说任何人的坏话（参照第四部分法则：如果说不出好话就闭嘴），但假若其中一个竞争对手与上司走得有点近，这样看起来好像升职的机会也向他靠近。此时你可以做些什么呢？你要让他们看似无可取代，你要指出他们所做的工作虽然平凡却十分重要，你要向上司指出他们在单调和乏味的领域都做得很好。"天啊，如果没有雷切尔来帮忙整理文件，我简直不敢想象后果会变成怎么样？她一定是处女座的，她实在太会做这些工作了。"你只是指出竞争对手的强项。我们并没有说谎（参照法则 48：绝不说谎），你只是赞美竞争对手的某项特殊技能。如果他们可以待在原来的位置上，就可以充分发挥他们的这种技能。

　　你的上司就是你的客户——你把你的服务卖给他们，而你的同事则是你的竞争对手。如果你是一个汽车销售人员，当有人问你隔壁车商卖的汽车是不是比较好时，你会怎么回答？你不可能说："是的，他们卖的汽车比我们好多了，而且还比较便宜。事实上，您现在应该到他们的店里，向他们买一部便宜的车子。"你也不会说他们任何的坏话："他们卖的都是赃车。"所以你可以换句话说："他们的车子是不错，但他们是迎合不同的客户群作出市场区隔，他们的家庭用车的车款的确比我们多。"你并没有说谎，而是间接奉承你的客户——你的话中意有所指："显然，您需要的是质量更优的主管级用车，而非隔壁车行那些不值钱的小型汽车。"——尽管如此，你并没有说任何的坏话。

　　你也可以设法对你的竞争对手发问，问他们对新职位的看法："如果你得到理查德的职位，你会如何应付所有的会议？我记得你曾告诉过我，你最讨厌开会了。"一方面，希望能从而联想到那些冗长不堪且争论激烈的会议，而开始有打退堂鼓的念头。但另一方面，你则觉得会议是刺激、令人兴奋，以及有效率——你并没有说任何的坏话，只是问一个简单的问题。你让他们心甘情愿地留在原来位置——

他们也会让自己的工作变得不可取代。

你的上司就是你的客户——你把你的服务卖给他们，而你的同事则是你的竞争对手。

106. 不要对竞争对手明褒暗贬

上一个法则让我们觉得我们似乎是运用不正当、迂回或无情的方法去达成某些目的，事实并非如此。我们所做的一切都是有意义、真诚、坦荡的。除非你想真心赞美别人，否则就不要赞美别人。当你内心实际上非常厌恶某个人，而且你正在弥补与他们之间的关系，这时你却张口表扬他们，这可以轻而易举地损毁你自己的形象。你或许会认为这不失是个聪明的方法，但事实则不然，你的诡计终将会被看穿，而且看起来肤浅、充满恶意，以及冷酷无情。记得第四部分法则：如果说不出好话就闭嘴吗？好的，你或许认为你能做到不说这些颠倒黑白的话，但是你不可能做到。不要说这样的话：

● "喔，我知道比尔（Bill）相当滑稽古怪，他是一个特立独行的思想家，行事作风逃脱世俗的框架，他是那么与众不同和怪诞。"

你真正想说的是：他是一只孤单的狼，而且有轻微发狂的现象，连组织一个小型茶会都不能托付给他，更不用说让他负责一个整个部门。

● "比尔做事非常有决心，他从不在乎成本多少，只在意工作上的所有细节，这是多么奢侈的办事方法啊！无论如何，他就是喜欢事情的最后结果。我很欣赏他的能力，他不仅着重一个项目的价值而且关注它的实用性。"

你真正想说的是：他连自己的钱都管理不好，更别说其他人。

● "比尔真的是一个无拘无束的小伙子，他懂得如何让他的头发更飘逸，以及知道如何玩乐。我很欣赏他一口气就能喝掉一大杯啤酒，而且他总是喜欢表演他这项奇特的绝技。他富有自由精神和青春活力。"

你真正想说的是：他是个有点狂野的酒鬼，不值得把员工托付给他照料，而且他的心智停留在青少年阶段。

● "我们无法让比尔留守在办公室，他这么生龙活虎，我觉得我们这个小小办公室根本容不下这么思维活跃的人。我真羡慕他，我坐在办公室处理文件，他却到处跑去和顾客聊天与建立关系，而且业绩表现非常出色。"

　　你真正想说的是：比尔在处理文件时一塌糊涂，不要让他陷入这种困境。你的高层主管从你说的话中明白这一点的，如果他们为人正直，他们就不会希望发生那样的事。

　　你或许认为你能做到不说这些颠倒黑白的话，但是你不可能做到。

107. 利用对职业晋升有利的时刻

在我们单调乏味、日复一日的例行工作中，不时会发生一些突发事件。这些情况紧急或令人瞩目的时刻，就是对你提升职业生涯有利的时刻。这些时刻有可能是：

- 最初的筛选面试；
- 上班的第一天；
- 负责产品汇报；
- 负责一个展览会；
- 主持一场重要的会议；
- 负责员工的培训；
- 危机处理；
- 和工会进行谈判；

● 参加健康与安全委员会的会议；

● 担任首席助理；

● 组织重要的员工聚会；

● 负责安排要人、官员、大人物到公司访问的活动；

● 编辑内部通讯刊物；

● 与媒体打交道；

● 负责办公室的搬迁事宜。

当面对这些选择时，大多数人都会心怀惊慌和厌烦："噢，不要！"他们哭喊着："天啊，为什么会是我？今年我不想负责在 NEC 的展览会，为什么又是我？"

但另一方面，你已知道这个法则——这是对职业晋升有利的时刻，你最好掌握住这种机会，好好表现。工作本身并无好坏之分，只有工作态度是有好坏之别。

如果让你选择做上面提到的这些工作，你一定要把它们做好，要对它们充满热情，娴熟高效地完成工作；一定要认识到它们为你提供了必要的手段，让你拥有机会施展自己的才华。

工作本身并无好坏之分，只有工作态度是有好坏之别。

108. 建立同事情谊，并赢得认同

　　如果你遵循本书中的所有法则，你将会成为一个百分百的好人，受人喜爱，充满自信，不会凡事和别人唱反调，而且受人信赖。你会逐渐成长，而且也会为身边的人带来许多欢乐。如果你想继续不断成长，既要获得同僚的支持，也要取得他们的友谊和认同。否则，无疑是将自己置于被冤枉、被拉下台、被抛弃，成为替死鬼或遭受撤职的境地。但当你努力做好任何事，只是为了超越你的同事，获得升职，成为他们的上司，这时你要如何利用他们的友谊和认同呢？

　　你必须成为他们的一分子，但也要和他们保持一定的距离。你既要和羊群一起拔腿逃跑，也要和野狼一起猎食。你既是他们的一分子，也是他们的主管之一。

　　你必须和员工打成一片，但不会失去分寸或喝醉酒，或和他们当

中的任何人上床，乱搞男女关系，或其他有所牵连的事情。他们说笑话时，你也要跟着开怀大笑，但不要和他们一起去度假。你倾听他们的麻烦，但不要告诉他们这些麻烦是琐碎或不重要的。当他们面对压力时，支持他们并且鼓励他们，而你则要始终保持冷静。你必须成为照顾他们的"母鸡"，同时也是他们的朋友和同谋者。你必须倾听他们对管理层或主管的抱怨和牢骚，但不要显露出你真正的身份——最终成为他们的新上司。

在工作上，你要帮助他们，他们才会倚赖你。你必须是一个外交家、调停人、裁判、朋友和仁慈的神父。你设法让他们喜欢你，因为你本身便是如此心地善良和心怀友善。

你必须成为同事力量的泉源、靠山，是他们的伙伴。你必须让他们觉得在你的眼中他们是独一无二的，让他们觉得若没有你在他们身边，他们的生活将是灰色、枯燥而且无聊的。你必须是团队的核心和灵魂人物，你是凝聚团队的人，以及最终解决一切的人。

所有这一切都是可能做到的，但并不容易。如果你和同事之间的相处能达到这种程度，他们就会成为你的强力后盾，在背后推着你往前进，他们会希望你成为他们的上司，他们需要你的领导。这样才算是一个卓越的法则实践者。

**他们说笑话时，你也要跟着开怀大笑，但不要和他
们一起去度假。**

《职场的 108 条黄金法则》原版书在国外畅销十多个国家，已经再版 10 次，英国畅销书作家理查德·坦普勒还是一名小助理时，就开始了本书的构思和规划。他通过自己的细致观察和亲身经历，总结了很多职场上非常实用的法则。本书是第一本，也是最重要的一本主管成功指南，它是为那些想获得晋升更高职位，却没有能力描绘升职蓝图的人而写的。因为不管你做什么工作，在哪一个行业工作，不管你是一个自由工作者，还是一个大组织中不起眼的小职员，都会拟定自己的职业生涯规划。书中 108 条简单的黄金法则就会对你有莫大的帮助。如果你加以遵循，就可以更快、更顺利地往上提升。

本书由大连工业大学经管学院赵霞主译，非常感谢李凯、李磊、闫旭宁、郭江、何炜、杨亮、刘婷婷、崔思成、史记、薛丽、李勇、张研、沈陆在翻译过程中提供的帮助。由于译者水平有限，请读者批评指正。

译 者

2014 年 10 月